Des fiches de résumé pour
Apprendre – Comprendre – Vérifier

Algèbre générale
Livre 1/2

I0508964

Fiche 01 FC – Logique, ensembles, raisonnements Page 2
Fiche 01 FV – Logique, ensembles, raisonnements Page 45
Fiche 02 FC – Applications. Injection, surjection, bijection Page 4
Fiche 02 FV – Applications. Injection, surjection, bijection Page 46
Fiche 03 FC – Entiers naturels Page 7
Fiche 03 FV – Entiers naturels Page 47
Fiche 04 FC – Dénombrement Page 12
Fiche 04 FV – Dénombrement Page 48
Fiche 05 FA – Voc. th. ensembles. Structures algébriques Page 17
Fiche 05 FC – Voc. th. ensembles. Structures algébriques Page 18
Fiche 05 FV – Voc. th. ensembles. Structures algébriques Page 49
Fiche 06 FA1 – Arithmétique dans $\mathbb{Z}$ Page 20
Fiche 06 FC1 – Arithmétique dans $\mathbb{Z}$ Page 21
Fiche 06 FV1 – Arithmétique dans $\mathbb{Z}$ Page 50
Fiche 06 FC2 – Arithmétique dans $\mathbb{Z}$ Page 34
Fiche 06 FV2 – Arithmétique dans $\mathbb{Z}$ Page 52
Fiche 07 FC – Nombres complexes Page 40
Fiche 07 FV – Nombres complexes Page 53
Fiche 07 FA – Transformations affines du plan complexe Page 44
Fiche 07 FV – Transformations affines du plan complexe Page 54

Maj.	min.	Nom	Maj.	min.	Nom	Maj.	min.	Nom
A	α	alpha	I	ι	iota	P	ρ	rhô
B	β	bêta	K	κ	kappa	Σ	σ	sigma
Γ	γ	gamma	Λ	λ	lambda	T	τ	tau
Δ	δ	delta	M	μ	mu	Υ	υ	upsilon
E	ε	epsilon	N	ν	nu	Φ	φ	phi
Z	ζ	zêta ou dzêta	Ξ	ξ	xi, ksi	X	χ	khi
H	η	êta	O	ο	omicron	Ψ	ω	psi

Logique, ensembles, raisonnements

Connecteurs logiques:

- Négation : non P
- Conjonction : P et Q
- Disjonction : P ou Q
- Implication : $P \Rightarrow Q$
- Équivalence : $P \Leftrightarrow Q$

Propriétés des connecteurs:

- P = non (non P)
- P et Q = Q et P
- P ou Q = Q ou P
- non (P et Q) = (non P) ou (non Q)
- non (P ou Q) = (non P) et (non Q)
- P et (Q ou R) = (P et Q) ou (P et R)
- P ou (Q et R) = (P ou Q) et (P ou R)
- $P \Rightarrow Q$ = (non P) ou Q
- $P \Rightarrow Q$ = (non Q) $\Rightarrow$ (non P)
- $P \Leftrightarrow Q$ = $(P \Rightarrow Q)$ et $(Q \Rightarrow P)$
- non $(P \Rightarrow Q)$ = P et (non Q)

P	Q	P et Q	P ou Q	P => Q	P <=> Q
V	V	V	V	V	V
V	F	F	V	F	F
F	V	F	V	V	F
F	F	F	F	V	V

A Δ B correspond aux éléments qui appartiennent à une et une seule des parties de A et B.

Opérations dans $\mathscr{P}(E)$: pour toutes parties A, B, C de E on a:

- Complémentaire: $\overline{A} = \{x \in E \ ; \ x \notin A\}$
- Intersection: $A \cap B = \{x \in E \ ; \ x \in A \text{ et } x \in B\}$
- (Ré)union: $A \cup B = \{x \in E \ ; \ x \in A \text{ ou } x \in B\}$
- Différence: $A \setminus B = \{x \in E \ ; \ x \in A \text{ et } x \notin B\} = A \cap \overline{B}$
- Diff. symétrique: $A \Delta B = (A \cup B) \setminus (A \cap B) = (A \cap \overline{B}) \cup (\overline{A} \cap B)$

Propriétés des opérations dans $\mathscr{P}(E)$: pour toutes parties A, B, C de E on a:

- Complémentaire: $\overline{E} = \phi$, $\overline{\phi} = E$, $\overline{\overline{A}} = A$, $A \subset B \Leftrightarrow \overline{B} \subset \overline{A}$ (contraposée)
- Lois de De Morgan: $\overline{A \cap B} = \overline{A} \cup \overline{B}$, $\overline{A \cup B} = \overline{A} \cap \overline{B}$
- (Ré)union: $A \cup B = B \cup A$, $A \cup (B \cup C) = (A \cup B) \cup C$, $A \cup A = A$, $A \cup \phi = A$, $A \cup E = E$
- Intersection: $A \cap B = B \cap A$, $A \cap (B \cap C) = (A \cap B) \cap C$, $A \cap A = A$, $A \cap \phi = \phi$, $A \cap E = A$
- Réunion et intersection: $A \cap (B \cup C) = (A \cap B) \cup (A \cap C)$, $A \cup (B \cap C) = (A \cup B) \cap (A \cup C)$
- Autre: $A = B \Leftrightarrow A \subset B$ et $B \subset A$
  $A \subset B \Leftrightarrow A \cap B = A$
  $A \subset B \Leftrightarrow A \cup B = B$

Modes de raisonnement:

- De façon directe: Pour montrer $(P \Rightarrow Q)$ vraie, on suppose que P est vraie et on montre qu'alors Q est vraie.
- Par contraposition: Ce type de raisonnement est basé sur l'équivalence des assertions $(P \Rightarrow Q)$ et (nonQ $\Rightarrow$ nonP)
- Par l'absurde: Pour montrer $(P \Rightarrow Q)$ on suppose P vraie et Q fausse et on cherche une contradiction.
- Par déduction: Si P est vraie et si l'on démontre $(P \Rightarrow Q)$ alors on peut conclure que Q est vraie.
- Par disjonction des cas: Elle est basée sur: $[(P \Rightarrow Q)$ et (non $P \Rightarrow Q)] \Rightarrow Q$
- Par contre-exemple: Pour démontrer qu'une proposition est fausse.
- Par récurrence: Trois étapes: ① on prouve P(0), puis ② on suppose P(n) vraie, pour finir ③ on montre P(n+1).
- Par analyse-synthèse: Deux étapes: ① Phase d'analyse: on suppose le problème résolu et on en déduit des conditions nécessaires. ② Phase de synthèse: on montre que les conditions obtenues sont suffisantes.

00 Nier l'assertion: "tous les garçons de ma classe qui ont les yeux bleus gagneront au loto et passeront dans la classe supérieure".

- La négation de "tous" est "il existe au moins un". L'ensemble à considérer est "les garçons de ma classe qui ont les yeux bleus". La négation de "gagneront au loto" est "ne gagneront pas au loto". La négation de "et" est "ou". La négation de "passeront dans la classe supérieure" est "ne passeront pas dans la classe supérieure".
- Finalement, la négation de la proposition donnée en énoncé est: "Il existe au moins un garçon de ma classe qui a les yeux bleus qui ne gagnera pas au loto ou qui ne passera pas dans la classe supérieure".

01 Soient $a,b \geq 0$. Montrer que si $a/(1+b)=b/(1+a)$ alors $a=b$

Raisonnons par l'absurde en supposant que $a/(1+b)=b/(1+a)$ avec $a \neq b$ [mais toujours $a,b \geq 0$]. Comme $a/(1+b)=b/(1+a)$ alors $a(1+a)=b(1+b)$ donc $a+a^2=b+b^2$ d'où $a^2-b^2=b-a$ soit $(a-b)(a+b)=-(a-b)$. Puisque nous avons posé $a \neq b$ alors en divisant par $(a-b)$ il vient $a+b=-1$. Mais, la somme de deux nombres positifs ne peut pas être négative, nous obtenons donc une contradiction, ce qui démontre le résultat attendu.

02 Montrer que pour tout $n \in \mathbb{N}$, $2^n > n$

Pour $n \in \mathbb{N}$ notons P(n) l'assertion: $2^n > n$

Initialisation: Pour $n = 0$ nous avons $2^0=1$, or $1>0$, donc P(0) est vraie.

Hérédité: Fixons $n \geq 0$ et supposons que P(n) soit vraie ; il vient alors successivement:

$$2^{n+1} = 2^n \times 2^1 = 2^n \times 2 = 2^n + 2^n > n + 2^n \text{ car P(n) est vraie,}$$

puis $2^{n+1} > n+1$ car $2^n > 1$ et ceci même pour $n=0$. Ce qui montre que P(n+1) est vraie.

Conclusion: Par récurrence P(n) est vraie pour tout $n \geq 0$, c'est-à-dire $2^n > n$ pour tout entier naturel n.

03 Montrer l'assertion suivante: $\forall A,B \in \mathscr{P}(E) \quad (A\cup B = A\cap B) \Rightarrow A=B$

- De façon directe: Soit $x\in A$ alors $x\in A\cup B$ donc $x\in A\cap B$ (puisque $A\cup B=A\cap B$) ainsi $x\in B$
  Soit $x\in B$ alors $x\in A\cup B$ donc $x\in A\cap B$ (puisque $A\cup B=A\cap B$) ainsi $x\in A$
  Ainsi, tout élément de A est dans B et tout élément de B est dans A, donc A=B
- Par contraposition: Si $A\neq B$ cela veut dire qu'il existe un élément $x\in A\backslash B$ ou alors un élément $x\in B\backslash A$. Quitte à échanger A et B, on suppose qu'il existe $x\in A\backslash B$ alors $x\in A\cup B$ mais $x\notin A\cap B$ donc $A\cup B\neq A\cap B$

04 Soit $n\in\mathbb{N}$. Montrer que si n^2 est pair alors n est pair.

- Raisonnons par contraposition: $[(n^2 \text{ est pair}) \Rightarrow (n \text{ est pair})] \Leftrightarrow [\text{non}(n \text{ est pair}) \Rightarrow \text{non}[(n^2 \text{ est pair})]$
- On suppose que n n'est pas pair, il est donc impair et il existe $k\in\mathbb{N}$ tel que $n=2k+1$; alors $n^2=4k^2+4k+1$ soit $n^2=2l+1$ en posant $l=2k^2+2k\in\mathbb{N}$, donc n^2 est impair. Ainsi, on a montré que si n est impair alors n^2 est impair, par contraposition ceci est équivalent à: "si n^2 est pair, alors n est pair".

05 Montrer que: $\sqrt{2}\notin\mathbb{Q}$. Par l'absurde: si $\sqrt{2}\in\mathbb{Q}$ alors $\sqrt{2}=p/q$ avec $p,q\in\mathbb{Z},\mathbb{N}^*$ et premiers entre eux, soit $2q^2=p^2$ donc p est pair comme démontré au **04**. Par suite, il existe $k\in\mathbb{N}$ tel que $p=2k$, d'où $2q^2=(2k)^2 \Leftrightarrow 2q^2=4k^2 \Leftrightarrow q^2=2k^2$ donc q est pair d'après **04** ; ceci contredit le fait que p et q sont premiers entre eux.

06 Soient E et F deux ensembles et $f: E\to F$. Démontrer que: $\forall A,B\in\mathscr{P}(E) \;,\; f(A\cap B) \subset f(A)\cap f(B)$

- Si $y\in f(A\cap B)$ alors il existe $x\in A\cap B$ tel que $y=f(x)$.
  Or, $x\in A$ [car $x\in A\cap B$] donc $y=f(x)\in f(A)$ <u>et</u> $x\in B$ [car $x\in A\cap B$] donc $y=f(x)\in f(B)$ ainsi $y\in f(A)\cap f(B)$.
- Comme tout élément de $f(A\cap B)$ est un élément de $f(A)\cap f(B)$ nous avons montré que: $f(A\cap B)\subset f(A)\cap f(B)$

07 Soient E et F deux ensembles et $f: E\to F$. Démontrer que: $\forall A\in\mathscr{P}(E) \;,\; f^{-1}(F\backslash A) = E\backslash f^{-1}(A)$

- [Voir fiche 02 FC] Image réciproque de B par f: On sait que si $B\subset F$ et $f:E\to F$ alors $f^{-1}(B)=\{x\in E \;;\; f(x)\in B\}$
- Par équivalences logiques successives nous obtenons: $x\in f^{-1}(F\backslash A) \Leftrightarrow f(x)\in f(f^{-1}(F\backslash A)) \Leftrightarrow f(x)\in(F\backslash A)$
  $\Leftrightarrow f(x)\notin A \Leftrightarrow f^{-1}(f(x))\notin f^{-1}(A) \Leftrightarrow x\notin f^{-1}(A) \Leftrightarrow x\in E\backslash f^{-1}(A)$ Ce qui conclut la démonstration.

08 Montrer que l'ensemble $I=\bigcap_{n=1}^{+\infty}\left[-\frac{1}{n};2+\frac{1}{n}\right]$ est un intervalle.

- Remarquons pour commencer que $I=\bigcap_{n=1}^{+\infty} I_n$ si on pose $I_n=\left[-\frac{1}{n};2+\frac{1}{n}\right]$, soit $I=I_1\cap I_2\cap\cdots\cap I_n$ pour $n\to+\infty$
- De plus, puisque nous avons $\lim_{n\to+\infty}\left(-\frac{1}{n}\right)=0^-$ et $\lim_{n\to+\infty}\left(2+\frac{1}{n}\right)=2^+$, nous pouvons conclure que $I=[0;2]$

09 Montrer que l'ensemble $J=\bigcup_{n=2}^{+\infty}\left[1+\frac{1}{n};n\right]$ est un intervalle.

- Remarquons pour commencer que $J=\bigcup_{n=2}^{+\infty} J_n$ si on pose $J_n=\left[1+\frac{1}{n};n\right]$, soit $J=J_2\cup J_3\cup\cdots\cup J_n$ pour $n\to+\infty$
- De plus, puisque nous avons $\lim_{n\to+\infty}\left(1+\frac{1}{n}\right)=1^+$ et $\lim_{n\to+\infty}(n)=+\infty$, nous pouvons en conclure que $J=]1;+\infty[$

10 Soit $(f_n)_{n\in\mathbb{N}}$ une suite d'applications de $\mathbb{N}$ dans $\mathbb{N}$.
On définit une application f de $\mathbb{N}$ dans $\mathbb{N}$ en posant $f(n)=f_n(n)+1$. Démontrer que: $\forall p\in\mathbb{N} \;,\; f\neq f_p$

- Raisonnons par l'absurde en supposant qu'il existe $p\in\mathbb{N}$ tel que $f=f_p$ soit $f(n)=f_p(n)$ pour n quelconque dans $\mathbb{N}$.
- En particulier, pour n=p nous aurons $f(p)=f_p(p)$. Or, par définition de l'application on déduit que $f(p)=f_p(p)+1$ soit aussi $f_p(p)=f_p(p)+1$, puis par soustraction de chaque côtés de l'égalité: 0=1. Donc l'hypothèse est fausse.

11 Montrer qu'il existe une infinité de nombres premiers.

- Raisonnons par l'absurde en supposant qu'il existe un nombre fini d'entiers premiers.
  Notons P le plus grand d'entre eux et N le produit de tous ces nombres premiers, soit $N=2\times3\times5\times7\times\ldots\times P$
- Considérons à présent l'entier N'=N+1, alors le reste de la division euclidienne de N' par 2, 3, 5, 7,..., ou P est 1, donc N' n'est divisible par aucun des entiers 2, 3, 5, 7, ..., P.
  → Si N' est premier, alors il est supérieur à P (choisi comme étant le plus grand), ce qui est absurde.
  → Si N' n'est pas premier, alors il a au moins un diviseur qui est supérieur à P, ce qui est absurde.

Applications. Injection, surjection, bijection

La photocopie tue le livre

Soit $A \subset E$ et $f : E \to F$, l'**image directe** de A par f est l'ensemble: $f(A) = \{ f(x) \in F \,;\, x \in A \} \subset F$

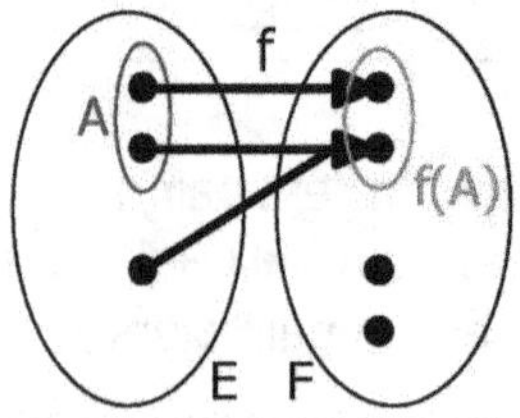

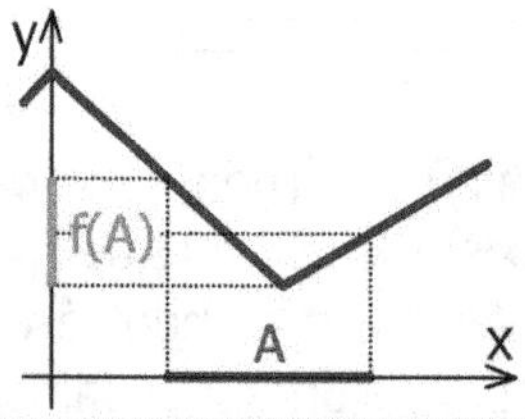

Soit $B \subset F$ et $f : E \to F$, l'**image réciproque** de B par f est l'ensemble: $f^{-1}(B) = \{ x \in E \,;\, f(x) \in B \} \subset E$

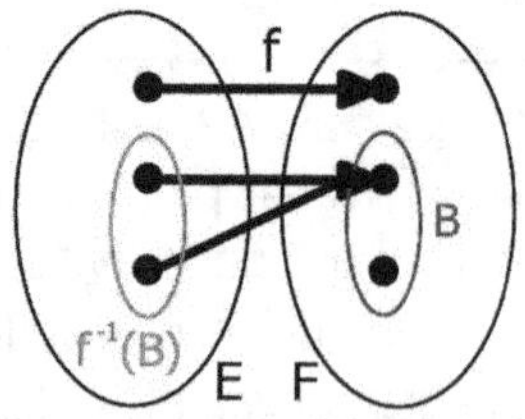

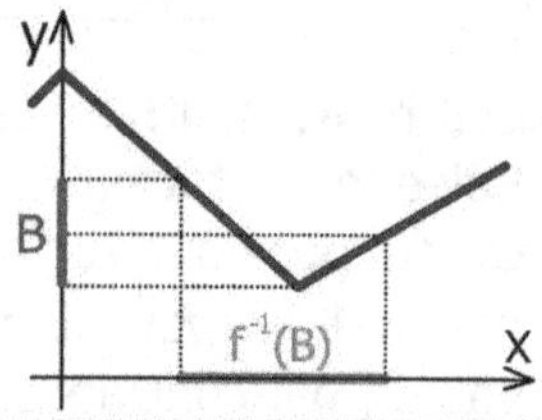

- Une application $f : E \to F$ est dite **injective** si et ssi:
$$\forall x_1, x_2 \in E \;,\; f(x_1) = f(x_2) \;\Rightarrow\; x_1 = x_2$$
- Autre formulation, au moyen de sa contraposée:
$$\forall x_1, x_2 \in E \;,\; x_1 \neq x_2 \;\Rightarrow\; f(x_1) \neq f(x_2)$$
- Ou encore: f est injective si, et seulement si, tout élément y de F a au plus un antécédent (voire aucun).
- Ne pas confondre avec la définition d'une application.

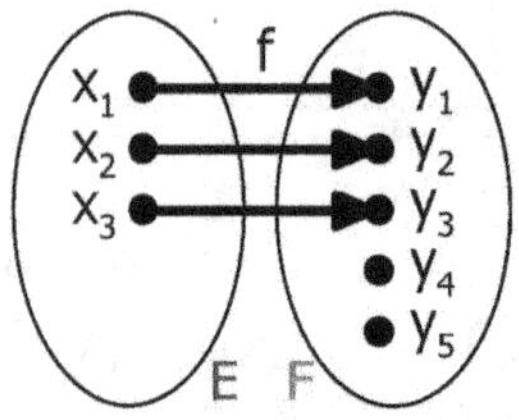

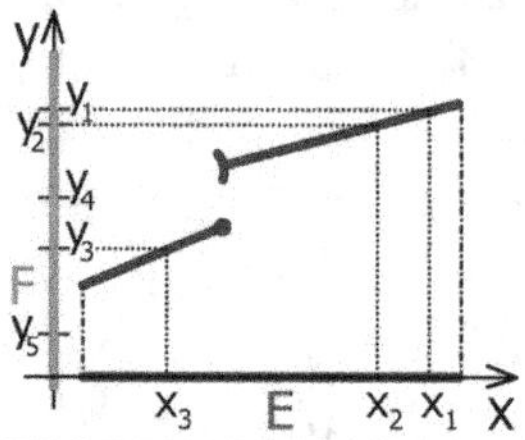

- Une application $f : E \to F$ est dite **bijective** si et ssi:
$$\forall y \in F \;,\; \exists! x \in E \;,\; y = f(x)$$
- Autre formulation: f est bijective si, et seulement si, elle est à la fois injective et surjective.
- Autre formulation: f est bijective si, et seulement si, tout élément de F a un unique antécédent dans E.

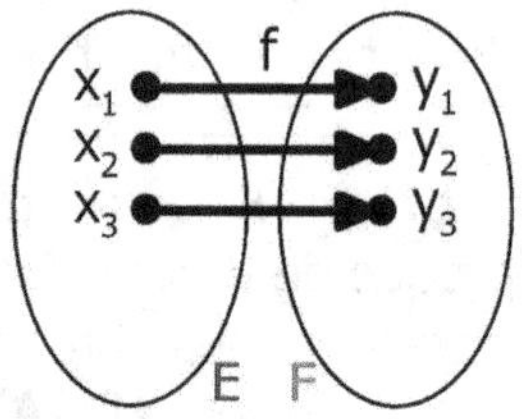

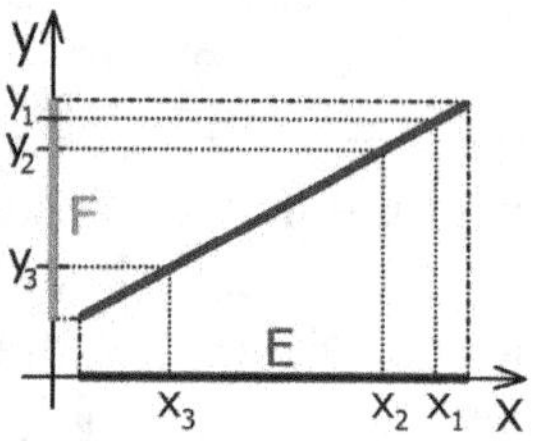

- Une application $f : E \to F$ est dite **surjective** si et ssi:
$$\forall y \in F \;,\; \exists x \in E \;,\; y = f(x)$$
- Ou encore: f est surjective si et ssi: $f(E) = F$
- Ou encore: f est surjective si, et seulement si, tout élément y de F a au moins un antécédent (voire plus).

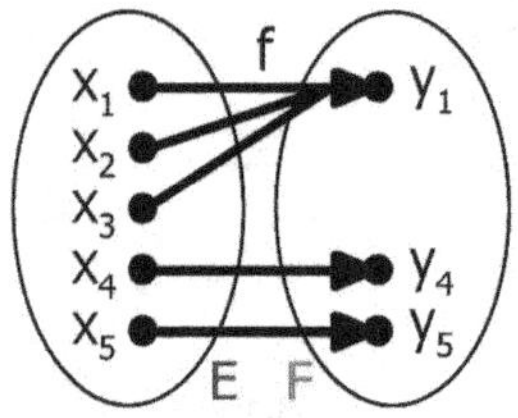

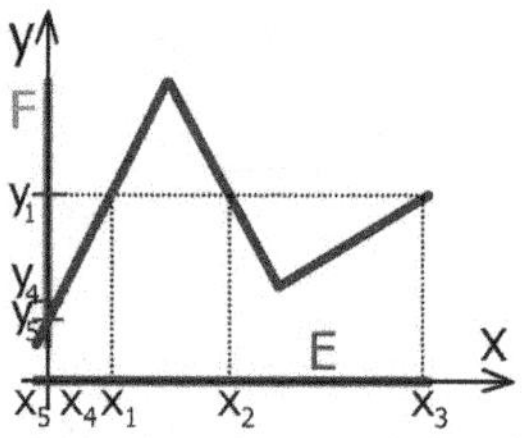

- Une **application** $f : E \to F$ est définie par:
$$\forall x_1, x_2 \in E \;,\; x_1 = x_2 \;\Rightarrow\; f(x_1) = f(x_2)$$
ou sa contraposée, ce qui est équivalent:
$$\forall x_1, x_2 \in E \;,\; f(x_1) \neq f(x_2) \;\Rightarrow\; x_1 \neq x_2$$
- Le **graphe** de $f : E \to F$ est l'ensemble:
$$\Gamma_f = \{ (x, f(x)) \in E \times F \,;\, x \in E \}$$
- $g \circ f = Id_E$ s'écrit: $\forall x \in E \;,\; g(f(x)) = x$
- $f \circ g = Id_F$ s'écrit: $\forall y \in F \;,\; f(g(y)) = y$
- $f^{-1} \circ f = Id_E \;,\; f \circ f^{-1} = Id_F \;,\; y = f(x) \;\Leftrightarrow\; f^{-1}(y) = x$

01 L'application $f : \mathbb{N} \to \mathbb{Q} \;,\; x \mapsto (1+x)^{-1}$ est-elle bijective ?

- Soit $x_1, x_2 \in \mathbb{N}$ tq $f(x_1) = f(x_2)$ alors: $(1+x_1)^{-1} = (1+x_2)^{-1} \Leftrightarrow 1 + x_1 = 1 + x_2 \Leftrightarrow x_1 = x_2$. Donc f est injective.
- On cherche à savoir s'il existe (au moins) un élément $y \in \mathbb{Q}$ qui n'admet pas d'antécédent $x \in \mathbb{N}$ par f. Il est immédiat que $f(x) = (1+x)^{-1} \leq 1$ pour tout $x \in \mathbb{N}$. Par exemple, $y = 2 \in \mathbb{Q}$ n'admet pas d'antécédent par f qui soit dans $\mathbb{N}$, s'il existait ce serait: $y = 2 \;\Leftrightarrow\; (1+x)^{-1} = 2 \;\Leftrightarrow\; x = -1/2 \notin \mathbb{N}$ donc f n'est pas surjective.
- Puisque f n'est pas à la fois injective et surjective, on conclut que f n'est pas bijective.

02 L'application $f : \mathbb{Z} \to \mathbb{N} \;,\; x \mapsto x^2$ est-elle bijective ? Surjective ?

- Soit $x_1, x_2 \in \mathbb{Z}$ tq $f(x_1) = f(x_2)$ alors: $x_1^{\,2} = x_2^{\,2} \;\Leftrightarrow\; x_1^{\,2} - x_2^{\,2} = 0 \;\Leftrightarrow\; (x_1 - x_2)(x_1 + x_2) = 0 \;\Leftrightarrow\; x_1 = +x_2$ ou $x_1 = -x_2$: deux antécédents. Ceci prouve que f n'est pas injective, par conséquent f ne peut pas être bijective.
- On cherche à savoir s'il existe (au moins) un élément $y \in \mathbb{N}$ qui n'admet pas d'antécédent $x \in \mathbb{Z}$ par f. Il est immédiat que $y = 3 \in \mathbb{N}$ donne $x^2 = 3$ soit $x = \pm\sqrt{3} \notin \mathbb{Z}$. En conséquence de quoi f n'est pas surjective.

03 L'application $f : [1;+\infty[\to [0;+\infty[\ , \ x \mapsto x^2 - 1$ est-elle bijective ?

- Soit $x_1, x_2 \in [1;+\infty[$ tel que $f(x_1) = f(x_2)$ alors: $x_1^{\ 2} - 1 = x_2^{\ 2} - 1 \Leftrightarrow x_1 = +x_2$ ou $x_1 = -x_2$: deux antécédents ? Arrivé ici, nous pourrions penser que f n'est pas injective, mais comme l'ensemble de départ est $[1;+\infty[$ nous avons forcément x_1 et x_2 de même signe, autrement dit seule l'égalité $x_1 = +x_2$ a un sens et f est injective.
- Il est immédiat que $f([1;+\infty[) = [0;+\infty[$ donc f est surjective. Finalement il apparaît que f est bijective.

04 L'application $f : \mathbb{N} \to \mathbb{N} \ , \ x \mapsto x+1$ est-elle bijective ?

- Soient $x_1, x_2 \in \mathbb{N}$ tels que $f(x_1) = f(x_2)$ alors: $x_1 + 1 = x_2 + 1 \Leftrightarrow x_1 = x_2$. Ceci prouve que f est injective.
- On remarque que $0 \in \mathbb{N}$ (ensemble d'arrivé) n'admet pas d'antécédent dans $\mathbb{N}$ (ensemble de départ) ; si c'était le cas ce serait: $x+1=0 \Leftrightarrow x=-1 \notin \mathbb{N}$. Finalement, f n'est pas surjective, donc f n'est pas bijective.

05 L'application $f : \mathbb{Z} \to \mathbb{Z} \ , \ x \mapsto x+1$ est-elle injective ? Surjective ?

- Montrons que f est injective et surjective en explicitant sa bijection réciproque. Soit $g : \mathbb{Z} \to \mathbb{Z} \ , \ x \mapsto x-1$

  Alors $\forall x \in \mathbb{Z}_{\text{départ}} \ , \ g \circ f(x) = g(f(x)) = g(x+1) = (x+1)-1 = x \in \mathbb{Z}_{\text{arrivée}}$

  Et $\forall x \in \mathbb{Z}_{\text{arrivée}} \ , \ f \circ g(x) = f(g(x)) = f(x-1) = (x-1)+1 = x \in \mathbb{Z}_{\text{départ}}$
- Finalement, l'application g est la bijection réciproque de f, donc f est bijective, soit aussi injective et surjective.

06 L'application $f : \mathbb{R}^2 \to \mathbb{R}^2 \ , \ (x,y) \mapsto (x+y, x-y)$ est-elle injective ? Surjective ?

- Soient $(x_1,y_1),(x_2,y_2) \in \mathbb{R}^2$ tels que $f(x_1,y_1) = f(x_2,y_2)$ alors: $(x_1+y_1, x_1-y_1) = (x_2+y_2, x_2-y_2)$ s'écrit aussi $\begin{cases} x_1+y_1 = x_2+y_2 \\ x_1-y_1 = x_2-y_2 \end{cases}$. Pour résoudre ce système, on peut additionner puis soustraire les deux lignes, ce qui donne immédiatement $2x_1 = 2x_2$ et $2y_1 = 2y_2$ soit aussi $x_1 = x_2$ et $y_1 = y_2$ ce qui prouve que f est injective.

  A présent, on cherche à savoir s'il existe (au moins) un couple $(X,Y) \in \mathbb{R}^2_{\text{arrivée}}$ qui n'admet pas d'antécédent $(x,y) \in \mathbb{R}^2_{\text{départ}}$ par f. Un tel antécédent, s'il existe, doit vérifier $f(x,y) = (X,Y)$ qui s'écrit aussi $(x+y, x-y) = (X,Y)$ soit encore $(x+y = X$ et $x-y = Y)$. La résolution de ce système par combinaisons ou substitution donne immédiatement $(x = (X+Y)/2$ et $y = (X-Y)/2)$. La partie *analyse* de notre raisonnement est finie. La partie *synthèse* du raisonnement consiste à présent à vérifier que le couple (x,y) que nous venons de trouver est effectivement solution. Il vient alors successivement:

  $$f(x,y) = f\left(\frac{X+Y}{2}, \frac{X-Y}{2}\right) = \left(\frac{X+Y}{2} + \frac{X-Y}{2}, \frac{X+Y}{2} - \frac{X-Y}{2}\right) = \left(\frac{X+Y+X-Y}{2}, \frac{X+Y-X+Y}{2}\right) = \left(\frac{2X}{2}, \frac{2Y}{2}\right) = (X,Y)$$

  Conclusion: tous les couples $(X,Y) \in \mathbb{R}^2_{\text{arrivée}}$ admettent un antécédent $(x,y) \in \mathbb{R}^2_{\text{départ}}$ par f, donc f est injective.
- Une autre méthode, plus rapide, consiste à expliciter directement la bijection réciproque de l'application f.

  Considérons l'application $g : \mathbb{R}^2 \to \mathbb{R}^2 \ , \ (x,y) \mapsto \left(\dfrac{x+y}{2}, \dfrac{x-y}{2}\right)$ <u>Rmq</u>: g obtenue en cherchant au brouillon.

  Alors $\forall (x,y) \in \mathbb{R}^2 \ , \ g \circ f(x,y) = g(f(x,y)) = g((x+y, x-y)) = \left(\dfrac{(x+y)+(x-y)}{2}, \dfrac{(x+y)-(x-y)}{2}\right) = (x,y) \in \mathbb{R}^2$

  Et $\forall (x,y) \in \mathbb{R}^2 \ , \ f \circ g(x,y) = f(g(x,y)) = f\left(\left(\dfrac{x+y}{2}, \dfrac{x-y}{2}\right)\right) = \left(\dfrac{x+y}{2} + \dfrac{x-y}{2}, \dfrac{x+y}{2} - \dfrac{x-y}{2}\right) = (x,y) \in \mathbb{R}^2$

  Finalement, l'application g est la bijection réciproque de f, donc f est bijective donc aussi injective et surjective.

07 L'application $f : \mathbb{R} \setminus \{1\} \to \mathbb{R} \ , \ x \mapsto (x+1)/(x-1)$ est-elle bijective ?

- On remarque que $y = 1 \in \mathbb{R}$ n'a pas d'antécédent par f, soit encore $f(\mathbb{R} \setminus \{1\}) \neq \mathbb{R}$, donc f n'est pas bijective.

08 1/ Soit $f:\mathbb{R}\to\mathbb{R}$ définie par $f(x)=2x/(1+x^2)$. L'application f est-elle injective ? Surjective ?

- Après une recherche au brouillon, on remarque que $f(2)=4/5=f(1/2)$ donc f n'est pas injective.
- Si on cherche $x\in\mathbb{R}$ tel que $f(x)=2$ on obtient une équation du second degré de discriminant négatif, donc qui n'admet pas de racine réelle. Autrement dit, $y=2\in\mathbb{R}$ n'a pas d'antécédent donc f n'est pas surjective.

2/ Montrer que $f(\mathbb{R})=[-1;1]$

- On a: $f(x)=y \iff 2x/(1+x^2)=y \iff 2x=y(1+x^2) \iff 0=yx^2-2x+y$. Cette équation a des solutions en x si, et seulement si, $\Delta=4-4y^2\geq 0$ soit si, et seulement si, $y\in[-1;1]$. Ceci démontre que: $f(\mathbb{R})=[-1;1]$

3/ Montrer que la restriction $g:[-1;1]\to[-1;1]$, $g(x)=f(x)$ est une bijection. Raisonner analyse-synthèse.

- Soit $y\in[-1;1]$ qui convient alors $f(x)=y \iff 0=yx^2-2x+y$ ce qui donne $x_{1,2}=(2\pm\sqrt{4-4y^2})/(2y)$ donc $x_{1,2}=(1\pm\sqrt{1-y^2})/y$ mais seule la solution $x=(1-\sqrt{1-y^2})/y$ est à retenir, car elle est la seule dans $[-1;1]$.
- Si $x=(1-\sqrt{1-y^2})/y\in[-1;1]$ alors f(x) devient $f\left((1-\sqrt{1-y^2})/y\right)$ ce qui donne y après calculs (au brouillon).
- Nous avons montré que g est une bijection de bijection réciproque $h:[-1;1]\to[-1;1]$, $y\mapsto(1-\sqrt{1-y^2})/y$

09 Soient E et F deux ensembles et f : E→F. Démontrer que: $\forall A,B\in\mathscr{P}(E)$, $(A\subset B) \Rightarrow (f(A)\subset f(B))$

- Par définition de l'image directe de A par f, on sait que si $A\subset E$ et $f:E\to F$ alors $f(A)=\{f(x)\in F\ ;\ x\in A\}\subset F$
- Si $A,B\in\mathscr{P}(E)$ alors $A,B\subset E$. Considérons $y\in f(A)$ alors il existe $x\in A$ tel que $y=f(x)\in F$ par définition de l'image directe rappelée ci-dessus. Or, $A\subset B$ par hypothèse de départ, donc $x\in B$ ce qui donne $f(x)\in f(B)$ d'où $y\in f(B)$.
- Le raisonnement développé ci-dessus vaut pour n'importe quel élément y de f(A) donc finalement $f(A)\subset f(B)$

10 Soient E et F deux ensembles et f : E→F. Démontrer que: $\forall A,B\in\mathscr{P}(E)$, $f(A\cup B) = f(A)\cup f(B)$

- [Sens $\subset$] Considérons un élément $y\in f(A\cup B)$. Alors, par définition de l'image directe de $A\cup B$, on sait qu'il existe un élément $x\in A\cup B$ tel que $y=f(x)\in F$. Distinguons deux cas: ① si $x\in A$ alors $y=f(x)\in f(A)$ ② si $x\in B$ alors $y=f(x)\in f(B)$. Dans tous les cas nous avons ① $f(A)\subset f(A)\cup f(B)$ et ② $f(B)\subset f(A)\cup f(B)$; nous avons donc montré que dans tous les cas $y\in f(A)\cup f(B)$. On finit ainsi de montrer la première inclusion: $f(A\cup B)\subset f(A)\cup f(B)$
- [Sens $\supset$] Considérons un élément $y\in f(A)\cup f(B)$ puis distinguons deux cas. ① si $y\in f(A)$ alors il existe $x\in A$ tel que $y=f(x)$. Mais, comme $x\in A$ on a aussi $x\in A\cup B$ donc on peut en déduire que $y=f(x)\in f(A\cup B)$. ② si $y\in f(B)$ alors un raisonnement analogue donne le même résultat $y=f(x)\in f(A\cup B)$ soit finalement: $f(A)\cup f(B)\subset f(A\cup B)$
- Nous avons montré que $f(A\cup B)\subset f(A)\cup f(B)$ puis que $f(A)\cup f(B)\subset f(A\cup B)$ donc que $f(A\cup B) = f(A)\cup f(B)$

11 Soient E et F deux ensembles et f : E→F. Démontrer que: $\forall A,B\in\mathscr{P}(E)$, $f^{-1}(A\cup B) = f^{-1}(A)\cup f^{-1}(B)$

- Par définition de l'image réciproque de B par f, on sait que si $B\subset F$ et $f:E\to F$ alors $f^{-1}(B)=\{x\in E\ ;\ f(x)\in B\}$
- Considérons un élément $x\in f^{-1}(A\cup B)$ puis raisonnons par équivalences successives: $x\in f^{-1}(A\cup B) \iff f(x)\in A\cup B$ $\iff f(x)\in A$ ou $f(x)\in B \iff x\in f^{-1}(A)$ ou $x\in f^{-1}(B) \iff x\in f^{-1}(A)\cup f^{-1}(B)$. Au final: $f^{-1}(A\cup B) = f^{-1}(A)\cup f^{-1}(B)$

12 Soit X un ensemble. Pour $f\in\mathscr{F}(X,X)$ on définit $f^0=Id$ et par récurrence: $\forall n\in\mathbb{N}$, $f^{n+1}=f^n\circ f$

Montrer que: $\forall n\in\mathbb{N}$, $f^{n+1}=f\circ f^n$ Puis, que si f est bijective, alors: $\forall n\in\mathbb{N}$, $(f^{-1})^n=(f^n)^{-1}$

- Montrons par récurrence [voir fiche 01 FC] la première proposition: $\forall n\in\mathbb{N}$, $f^{n+1}=f\circ f^n$

Pour $n\in\mathbb{N}$ notons $\mathscr{A}_n$ l'assertion: $f^{n+1}=f\circ f^n$

Initialisation: Pour $n=0$ nous avons $f^{0+1}=f\circ f^0$ avec $f^0=Id$ donc l'assertion $\mathscr{A}_0$ est vraie.

Hérédité: Fixons $n\geq 0$ et supposons que $\mathscr{A}_n$ soit vraie ; il vient alors successivement:

$f^{n+2}=f^{n+1}\circ f=(f\circ f^n)\circ f$ car $\mathscr{A}_n$ est vraie,

puis $f^{n+2}=f\circ(f^n\circ f)=f\circ f^{n+1}$ ce qui n'est autre que $\mathscr{A}_{n+1}$

Conclusion: Par récurrence $\mathscr{A}_n$ est vraie pour tout $n\in\mathbb{N}$, c'est-à-dire: $\forall n\in\mathbb{N}$, $f^{n+1}=f\circ f^n$

- Montrons par récurrence [voir fiche 01 FC] la seconde proposition: $\forall n\in\mathbb{N}$, $(f^{-1})^n=(f^n)^{-1}$

Pour $n\in\mathbb{N}$ notons $\mathscr{A}_n$ l'assertion: $(f^{-1})^n=(f^n)^{-1}$

Initialisation: Pour $n=0$ nous avons $(f^{-1})^0=1$ et $(f^0)^{-1}=1^{-1}=1/1=1$ donc l'assertion $\mathscr{A}_0$ est vraie.

Hérédité: Fixons $n\geq 0$ et supposons que $\mathscr{A}_n$ soit vraie ; il vient alors successivement:

$(f^{-1})^{n+1}=(f^{-1})^n\circ(f^{-1})^1=(f^{-1})^n\circ f^{-1}=(f^n)^{-1}\circ f^{-1}$ car $\mathscr{A}_n$ est vraie,

puis $(f^{-1})^{n+1}=(f^n)^{-1}\circ f^{-1}$ devient $(f^{-1})^{n+1}=(f^n\circ f)^{-1}=(f^n\circ f^1)^{-1}=(f^{n+1})^{-1}$ ce qui est $\mathscr{A}_{n+1}$

Conclusion: Par récurrence $\mathscr{A}_n$ est vraie pour tout $n\in\mathbb{N}$, c'est-à-dire: $\forall n\in\mathbb{N}$, $(f^{-1})^n=(f^n)^{-1}$

Entiers naturels

La photocopie tue le livre

L'ensemble $\mathbb{N}$ des entiers naturels est totalement ordonné et vérifie:

- Toute partie non vide de $\mathbb{N}$ a un plus petit élément.
- Toute partie non vide majorée de $\mathbb{N}$ a un plus grand élément.
- L'ensemble $\mathbb{N}$ des entiers naturels n'a pas de plus grand élément.

On note $(a_i)_{1\le i\le n}$ la famille $a_1, \dots, a_n$.

$\sum_{i=1}^{n} a_i$ ou $\sum_{1\le i\le n} a_i$ la somme des termes.

$\prod_{i=1}^{n} a_i$ ou $\prod_{1\le i\le n} a_i$ le produit des termes.

$$\sum_{1\le i\le n}(x_i+y_i)=\sum_{1\le i\le n}x_i+\sum_{1\le i\le n}y_i \qquad \sum_{1\le i\le n}(kx_i)=k\sum_{1\le i\le n}x_i \qquad \prod_{1\le i\le n}(x_iy_i)=\prod_{1\le i\le n}x_i\cdot\prod_{1\le i\le n}y_i \qquad \prod_{1\le i\le n}(kx_i)=k^n\prod_{1\le i\le n}x_i$$

$$(x+y)^n=\sum_{k=0}^{n}\binom{n}{k}x^ky^{n-k} \qquad x^n-y^n=(x-y)\sum_{k=0}^{n-1}x^{n-k-1}y^k \qquad \sum_{\substack{1\le i\le n\\1\le j\le p}}x_{ij}=\sum_{1\le i\le n}\left(\sum_{1\le j\le p}x_{ij}\right)=\sum_{1\le j\le p}\left(\sum_{1\le i\le n}x_{ij}\right)$$

$\mathrm{Card}(A\cup B)=\mathrm{Card}(A)+\mathrm{Card}(B)-\mathrm{Card}(A\cap B)$ — Si A et B sont disjoints alors $A\cap B=\varnothing$ donne $\mathrm{Card}(A\cap B)=0$

Dans le cas particulier où les ensembles E_i sont deux à deux disjoints: $\mathrm{Card}(E_1\cup E_2\cup\cdots\cup E_n)=\sum_{i=1}^{n}\mathrm{Card}(E_i)$

$$n!=1\times2\times\cdots\times n \text{ si } n\in\mathbb{N}^* \qquad 0!=1 \qquad A_n^p=n(n-1)\cdots(n-p+1)=\frac{n!}{(n-p)!} \qquad C_n^p=\binom{n}{p}=\frac{n!}{p!(n-p)!}$$

$$\binom{n}{0}=\binom{n}{n}=1 \qquad \binom{n}{1}=\binom{n}{n-1}=n \qquad \binom{n}{p}=\binom{n}{n-p} \qquad \binom{n}{p}=\binom{n-1}{p-1}+\binom{n-1}{p} \qquad \binom{n}{p}=\frac{n}{p}\binom{n-1}{p-1} \qquad \binom{n}{p}=\frac{n-(p-1)}{p}\binom{n}{p-1}$$

01 Pour A et B dans E on note $A\Delta B=(A\cup B)\setminus(A\cap B)$. Montrer: $\mathrm{Card}(A\Delta B)=\mathrm{Card}(A)+\mathrm{Card}(B)-2\mathrm{Card}(A\cap B)$

- De façon évidente, pour F et G deux ensembles, si $G\subset F$ alors: $\mathrm{Card}(F\setminus G)=\mathrm{Card}(F)-\mathrm{Card}(G)$
- Ici, il vient: $\mathrm{Card}(A\Delta B)=\mathrm{Card}\left[(A\cup B)\setminus(A\cap B)\right]=\mathrm{Card}(A\cup B)-\mathrm{Card}(A\cap B)$ [voir si nécessaire la fiche 01 FC]

  puis $\mathrm{Card}(A\Delta B)=\left[\mathrm{Card}(A)+\mathrm{Card}(B)-\mathrm{Card}(A\cap B)\right]-\mathrm{Card}(A\cap B)$ qui donne le résultat attendu.

02 Montrer que: $\forall n\in\mathbb{N}\setminus\{0\}\ ,\ \sum_{k=1}^{n}k=\frac{n(n+1)}{2}$

- Pour $n\in\mathbb{N}-\{0\}$ notons P(n) l'assertion: $\sum_{k=1}^{k=n}k=\frac{n(n+1)}{2}$
- Initialisation: Pour $n=1$ nous avons d'une part $\sum_{k=1}^{k=1}k=1$ et d'autre part $\frac{1\times(1+1)}{2}=1$, donc P(1) est vraie.
- Hérédité: Fixons $n\ge1$ et supposons que P(n) soit vraie, il vient alors successivement:

  $\sum_{k=1}^{k=n+1}k=\sum_{k=1}^{k=n}k+\sum_{k=n+1}^{k=n+1}k$ donc $\sum_{k=1}^{k=n+1}k=\frac{n(n+1)}{2}+(n+1)$ car P(n) est supposée vraie.

  Puis $\sum_{k=1}^{k=n+1}k=\frac{n(n+1)}{2}+\frac{2(n+1)}{2}=\frac{n(n+1)+2(n+1)}{2}=\frac{(n+1)[n+2]}{2}$ ce qui correspond à P(n+1).
- Conclusion: Par récurrence P(n) est vraie pour tout $n\ge1$, c'est-à-dire: $\forall n\in\mathbb{N}\setminus\{0\}\ ,\ \sum_{k=1}^{n}k=\frac{n(n+1)}{2}$

03 Montrer que: $\forall n \in \mathbb{N} \setminus \{0\}$, $\sum_{k=1}^{n} k^2 = \frac{n(n+1)(2n+1)}{6}$

- Pour $n \in \mathbb{N} - \{0\}$ notons P(n) l'assertion: $\sum_{k=1}^{k=n} k^2 = \frac{n(n+1)(2n+1)}{6}$
- Initialisation: Pour $n = 1$ nous avons $\sum_{k=1}^{k=1} k^2 = 1^2 = 1$ et $\frac{1\times(1+1)\times(2\times1+1)}{6} = \frac{1\times2\times3}{6} = 1$, donc P(1) est vraie.
- Hérédité: Fixons n≥1 et supposons que P(n) soit vraie, il vient alors successivement:

$$\sum_{k=1}^{n+1} k^2 = \sum_{k=1}^{n} k^2 + \sum_{k=n+1}^{n+1} k^2 \text{ donc } \sum_{k=1}^{n+1} k^2 = \frac{n(n+1)(2n+1)}{6} + (n+1)^2$$ car P(n) est supposée vraie.

Puis $\sum_{k=1}^{n+1} k^2 = \frac{n(n+1)(2n+1)}{6} + \frac{6(n+1)^2}{6} = \frac{(n+1)[n(2n+1)+6(n+1)]}{6}$

et $\sum_{k=1}^{n+1} k^2 = \frac{(n+1)(n+2)[2(n+1)+1]}{6}$ ce qui est P(n+1) Rmq: développer au brouillon.

- Conclusion: Par récurrence P(n) est vraie pour tout n≥1 c'est-à-dire: $\forall n \in \mathbb{N} \setminus \{0\}$, $\sum_{k=1}^{n} k^2 = \frac{n(n+1)(2n+1)}{6}$

04 Montrer que: $\forall n \in \mathbb{N} \setminus \{0\}$, $\sum_{k=1}^{n} k^3 = \left(\sum_{k=1}^{n} k\right)^2$

- Nous savons déjà [voir exercice **02**] que: $\forall n \in \mathbb{N} \setminus \{0\}$, $\sum_{k=1}^{n} k = \frac{n(n+1)}{2}$

Pour $n \in \mathbb{N} - \{0\}$ notons P(n) l'assertion: $\sum_{k=1}^{n} k^3 = \left(\sum_{k=1}^{n} k\right)^2 = \left(\frac{n(n+1)}{2}\right)^2$

- Initialisation: Pour $n = 1$ nous avons $\sum_{k=1}^{k=1} k^3 = 1^3 = 1$ et d'autre part $\left(\sum_{k=1}^{k=1} k\right)^2 = (1)^2 = 1$, donc P(1) est vraie.
- Hérédité: Fixons n≥1 et supposons que P(n) soit vraie, il vient alors successivement:

$$\sum_{k=1}^{k=n+1} k^3 = \sum_{k=1}^{k=n} k^3 + \sum_{k=n+1}^{k=n+1} k^3 \text{ donc } \sum_{k=1}^{k=n+1} k^3 = \left(\frac{n(n+1)}{2}\right)^2 + (n+1)^3$$ car P(n) est supposée vraie.

Puis $\sum_{k=1}^{n+1} k^3 = (n+1)^2\left(\frac{n}{2}\right)^2 + (n+1)^2(n+1) = (n+1)^2\left[\left(\frac{n}{2}\right)^2 + (n+1)\right] = (n+1)^2\left[\frac{n^2+4n+4}{2^2}\right]$

d'où $\sum_{k=1}^{n+1} k^3 = \frac{(n+1)^2}{4}[n+2]^2 = \left(\frac{(n+1)(n+2)}{2}\right)^2 = \left(\sum_{k=1}^{n+1} k\right)^2$ ce qui correspond bien à P(n+1).

- Conclusion: Par récurrence P(n) est vraie pour tout n≥1, c'est-à-dire: $\forall n \in \mathbb{N} \setminus \{0\}$, $\sum_{k=1}^{n} k^3 = \left(\sum_{k=1}^{n} k\right)^2$

05 Montrer que: $\forall\ n, x \in \mathbb{N}\times\mathbb{R} \setminus \{1\}$, $\sum_{k=0}^{n} x^k = \frac{1-x^{n+1}}{1-x}$

- Méthode ①: On reconnaît la somme des n+1 premiers termes de la suite géométrique de raison x.
- Méthode ②: Notons $S = \sum_{k=0}^{n} x^k = 1 + x + x^2 + \cdots + x^n$ alors $xS = x\left(1 + x + x^2 + \cdots + x^n\right) = x + x^2 + x^3 + \cdots + x^{n+1}$

Ensuite, on soustrait les deux résultats précédents: $S - xS = 1 - x^{n+1}$ puis on conclut: $S = \frac{1-x^{n+1}}{1-x}$

- Méthode ③: Pour $n \in \mathbb{N}$ et x réel ≠ 1 on note P(n) la proposition $\left(\sum_{k=0}^{k=n} x^k = \frac{1-x^{n+1}}{1-x}\right)$ qui est vérifiée pour n=0,

(à finir) puis on exprime par le calcul P(n+1). Ainsi, par le principe de récurrence, la proposition est vraie.

06 Montrer que: $\forall n \in \mathbb{N}, \forall k \geq 1,\ 2^{2^{n+k}} - 1 = \left(2^{2^n} - 1\right) \times \prod_{i=0}^{k-1}\left(2^{2^{n+i}} + 1\right)$

- Pour $n \in \mathbb{N}$ fixé et k entier naturel ≥ 1 notons P(k) l'assertion: $2^{2^{n+k}} - 1 = \left(2^{2^n} - 1\right) \times \prod_{i=0}^{k-1}\left(2^{2^{n+i}} + 1\right)$
- Initialisation: Pour $k = 1$ nous avons $2^{2^{n+k}} - 1 = 2^{2^{n+1}} - 1$ et $\left(2^{2^n} - 1\right) \times \prod_{i=0}^{\overbrace{k-1}^{=0}}\left(2^{2^{n+i}} + 1\right) = \left(2^{2^n} - 1\right) \times \left(2^{2^n} + 1\right)$. Pour cette seconde expression nous reconnaissons l'identité remarquable $(A - B)(A + B) = A^2 - B^2$ d'où $\left(2^{2^n} - 1\right) \times \left(2^{2^n} + 1\right) = \left(2^{2^n}\right)^2 - 1 = 2^{2 \times 2^n} - 1 = 2^{2^{n+1}} - 1$; on a ainsi montré que P(1) est vérifiée.
- Hérédité: Pour n et k fixés supposons que l'assertion P(k) soit vraie et exprimons P(k+1). On obtient alors:

$$P(k+1) = \left(2^{2^n} - 1\right) \times \prod_{i=0}^{k}\left(2^{2^{n+i}} + 1\right) = \underbrace{\left(2^{2^n} - 1\right) \times \prod_{i=0}^{k-1}\left(2^{2^{n+i}} + 1\right)}_{P(k)} \times \left(2^{2^{n+k}} + 1\right)$$

$$\Leftrightarrow \quad P(k+1) = \underbrace{\left(2^{2^{n+k}} - 1\right)}_{P(k)} \times \left(2^{2^{n+k}} + 1\right) = \left(2^{2^{n+k}}\right)^2 - (1)^2 = 2^{2 \times 2^{n+k}} - 1 = 2^{2^{n+k+1}} - 1$$

- Conclusion: Nous avons montré la proposition au rang k+1, donc par le principe de récurrence elle est vraie.

07 Montrer que: $\forall n \in \mathbb{N} \setminus \{0\},\ \sum_{k=1}^{n}(2k - 1)^2 = \frac{1}{3}n\left(4n^2 - 1\right)$

- Pour $n \in \mathbb{N}^*$ fixé et k entier naturel ≥ 1 notons P(n) l'assertion: $\sum_{k=1}^{k=n}(2k - 1)^2 = \frac{1}{3}n\left(4n^2 - 1\right)$
- Initialisation: Pour $n = 1$ nous avons $\sum_{k=1}^{k=1}(2k - 1)^2 = (2 \times 1 - 1)^2 = 1$ et $\frac{1}{3} \times 1 \times \left(4 \times 1^2 - 1\right) = 1$ donc P(1) est vraie.
- Hérédité: Fixons n≥1 et supposons que P(n) soit vraie, on trouve alors successivement:

$$\sum_{k=1}^{k=n+1}(2k - 1)^2 = \sum_{k=1}^{k=n}(2k - 1)^2 + \sum_{k=n+1}^{k=n+1}(2k - 1)^2 = \frac{1}{3}n\left(4n^2 - 1\right) + \sum_{k=n+1}^{k=n+1}(2k - 1)^2 \text{ car P(n) est vraie.}$$

Puis $\sum_{k=1}^{k=n+1}(2k - 1)^2 = \frac{1}{3}n\left(4n^2 - 1\right) + \left(2[n+1] - 1\right)^2 = \frac{1}{3}n\left(4n^2 - 1\right) + (2n + 1)^2$ on factorise ensuite,

soit: $\sum_{k=1}^{k=n+1}(2k - 1)^2 = \frac{1}{3}n(2n - 1)(2n + 1) + (2n + 1)^2 = (2n + 1)\left[\frac{1}{3}n(2n - 1) + (2n + 1)\right]$

$$\Leftrightarrow \quad \sum_{k=1}^{k=n+1}(2k - 1)^2 = \frac{1}{3}(2n + 1)\left[2n^2 + 5n + 3\right] = \frac{1}{3}(2n + 1)(n + 1)(2n + 3)$$

[factoriser le trinôme au brouillon: Δ=1]

$$\Leftrightarrow \quad \sum_{k=1}^{k=n+1}(2k - 1)^2 = \frac{1}{3}(n + 1)\left[(2n + 1)(2n + 3)\right] = \frac{1}{3}(n + 1)\left[4n^2 + 8n + 3\right] = \frac{1}{3}(n + 1)\left[4(n + 1)^2 - 1\right]$$

- Conclusion: Ce dernier résultat est P(n+1). Par le principe de récurrence la proposition est vraie pour $n \in \mathbb{N}^*$

08 Montrer que: $\forall n \in \mathbb{N} - \{0\}$, 17 divise $\left(3 \times 5^{2n-1} + 2^{3n-2}\right)$

- Pour $n \in \mathbb{N}^*$ notons P(n) l'assertion: $17 \mid \left(3 \times 5^{2n-1} + 2^{3n-2}\right)$
- Initialisation: Pour $n = 1$ nous avons $\left(3 \times 5^{2n-1} + 2^{3n-2}\right) = 3 \times 5^{2-1} + 2^{3-2} = 17$ et $17 \mid 17$ donc P(1) est vraie.
- Hérédité: Fixons n≥1 et supposons que P(n) soit vraie ; le calcul au rang n+1 donne successivement:

$$3 \times 5^{2(n+1)-1} + 2^{3(n+1)-2} = 3 \times 5^{2n+2-1} + 2^{3n+3-2} = 3 \times 5^2 \times 5^{2n-1} + 2^3 \times 2^{3n-2} \text{ pour faire apparaître P(n).}$$

$$= 3 \times 25 \times 5^{2n-1} + 8 \times 2^{3n-2} = 3 \times (8 + 17) \times 5^{2n-1} + 8 \times 2^{3n-2} = 8 \times \left(3 \times 5^{2n-1} + 2^{3n-2}\right) + 3 \times 17 \times 5^{2n-1}$$

Pour finir: $17 \mid 8 \times \left(3 \times 5^{2n-1} + 2^{3n-2}\right)$ du fait de P(n) et $17 \mid 3 \times 17 \times 5^{2n-1}$ de façon évidente.
- Conclusion: Par le principe de récurrence la proposition est vraie, soit: $\boxed{\forall n \in \mathbb{N}^*,\ 17 \mid \left(3 \times 5^{2n-1} + 2^{3n-2}\right)}$

09 Montrer que: $\forall n \in \mathbb{N}\setminus\{0\}\ ,\ \sum_{k=1}^{n}\frac{1}{k^2} \leq 2-\frac{1}{n}$

- Pour $n \in \mathbb{N}^*$ notons P(n) la propriété: $\sum_{k=1}^{k=n}\frac{1}{k^2} \leq 2-\frac{1}{n}$
- Initialisation: Pour $n=1$ nous avons $\sum_{k=1}^{k=1}\frac{1}{k^2} = \frac{1}{1^2}=1$ et $2-\frac{1}{1}=1$; ainsi on vérifie $1\leq 1$ donc P(1) est vraie.
- Hérédité: Fixons n≥1. Supposons que P(n) soit vraie et cherchons à déterminer le signe de la différence:

$$\sum_{k=1}^{k=n+1}\frac{1}{k^2}-\left(2-\frac{1}{n+1}\right)=\sum_{k=1}^{k=n}\frac{1}{k^2}+\sum_{k=n+1}^{k=n+1}\frac{1}{k^2}-\left(2-\frac{1}{n+1}\right) \leq \left(2-\frac{1}{n}\right)+\frac{1}{(n+1)^2}-\left(2-\frac{1}{n+1}\right)$$

$$=\cancel{2}-\frac{1}{n}+\frac{1}{(n+1)^2}-\cancel{2}+\frac{1}{n+1}=\frac{-1\times(n+1)^2+1\times n+n\times(n+1)}{n\times(n+1)^2}=\frac{-1}{n\,(n+1)^2}\leq 0 \text{ puisque } n\in\mathbb{N}^*$$

Nous avons donc montré: $\sum_{k=1}^{k=n+1}\frac{1}{k^2}-\left(2-\frac{1}{n+1}\right) \leq 0 \iff \sum_{k=1}^{k=n+1}\frac{1}{k^2} \leq 2-\frac{1}{n+1}$ ce qui est P(n+1)

- Conclusion: Par le principe de récurrence la proposition est vraie, soit: $\boxed{\forall n \in \mathbb{N}\setminus\{0\}\ ,\ \sum_{k=1}^{n}\frac{1}{k^2} \leq 2-\frac{1}{n}}$

10 Calculer chacun des nombres suivants: $A=\sum_{k=0}^{n}\binom{n}{k}$, $B=\sum_{k=0}^{n}\binom{n}{k}(-1)^k$, $C=\sum_{k=1}^{n}\binom{n}{k}k$ et $D=\sum_{k=0}^{n}\binom{n}{k}\frac{1}{1+k}$

- Les symboles Σ et les coefficients $\binom{n}{k}$ font penser à la formule du binôme de Newton: $(x+y)^n=\sum_{k=0}^{n}\binom{n}{k}x^k y^{n-k}$
- Considérons la fonction définie pour n≥1 par $f: x\mapsto (x+1)^n=\sum_{k=0}^{n}\binom{n}{k}x^k$, alors $A=f(1)$ donc $\boxed{A=\sum_{k=0}^{n}\binom{n}{k}=2^n}$
- De même, on remarque immédiatement que $B=f(-1)$ avec $f(-1)=0$, on obtient alors $\boxed{B=\sum_{k=0}^{n}\binom{n}{k}(-1)^k=0}$
- On dérive: $f'(x)=n(x+1)^{n-1}=\sum_{k=0}^{n}\binom{n}{k}kx^{k-1}$ [f'(x) = 0 si k = 0, donc la somme peut commencer à 1] et $C=f'(1) \Rightarrow \boxed{C=\sum_{k=1}^{n}\binom{n}{k}k=n\,2^{n-1}}$
- Calculons une primitive F de f ; comme il en existe une infinité, nous choisirons celle qui s'annule en 0. Ainsi, $f(x)=(x+1)^n$ et $F=\int f$ donnent $F(x)=\frac{(x+1)^{n+1}}{n+1}+c$ où la constante c doit être choisie telle que $F(0)=0$, donc $c=-\frac{1}{n+1}$ donne finalement $F(x)=\frac{(x+1)^{n+1}}{n+1}-\frac{1}{n+1}$. Nous devons aussi intégrer le terme $\sum_{k=0}^{n}\binom{n}{k}x^k$ d'où $F(x)=\sum_{k=0}^{n}\binom{n}{k}\frac{x^{k+1}}{k+1}$ pour lequel on vérifie que $F(0)=0$, ainsi ces deux primitives F de f sont égales. Pour finir, on évalue F(1), soit: $\frac{(1+1)^{n+1}}{n+1}-\frac{1}{n+1}=\sum_{k=0}^{n}\binom{n}{k}\frac{1^{k+1}}{k+1}$. Finalement, on trouve $\boxed{D=\sum_{k=0}^{n}\binom{n}{k}\frac{1}{1+k}=\frac{2^{n+1}-1}{n+1}}$

11 Montrer que: $\forall a\in\mathbb{R}_+^*\ ,\ \forall n\in\mathbb{N}\ ,\ (1+a)^n\geq 1+na$

- Pour $a\in\mathbb{R}_+^*$ et $n\in\mathbb{N}$ notons P(n) l'assertion: $(1+a)^n\geq 1+na$
- Initialisation: Pour $n=0$ nous avons $(1+a)^0=1$ et $1+0\times a=1$, donc P(0) est vraie puisque évidemment $1\geq 1$
- Hérédité: Fixons n≥0 et supposons que P(n) soit vraie, on obtient alors successivement:

$(1+a)^{n+1} = (1+a)^n\times(1+a)^1 \geq (1+na)\times(1+a)$ car P(n) est supposée vraie.

Puis $(1+na)\times(1+a) = 1+a+na+na^2 = 1+a(1+n)+na^2$ si on développe, puis factorise.

Or, $1+(n+1)a+na^2 \geq 1+(n+1)a$ de façon évidente car $n,a\in\mathbb{N}\times\mathbb{R}_+^*$

soit $(1+a)^{n+1} \geq 1+(n+1)a$ ce qui est exactement P(n+1).

- Conclusion: Par le principe de récurrence P(n) est vraie, c'est-à-dire: $\boxed{\forall a\in\mathbb{R}_+^*\ ,\ \forall n\in\mathbb{N}\ ,\ (1+a)^n\geq 1+na}$

12 Démontrer la formule du binôme de Newton: $\forall x,y \in \mathbb{C}$, $(x+y)^n = \sum_{k=0}^{n} \binom{n}{k} x^k y^{n-k}$ avec $\binom{n}{k} = \frac{n!}{k!(n-k)!}$

- Fixons x et y dans $\mathbb{C}$. Pour $n \in \mathbb{N}$ notons P(n) l'assertion: $(x+y)^n = \sum_{k=0}^{n} \binom{n}{k} x^k y^{n-k}$
- Initialisation: Pour $n = 0$ nous avons $(x+y)^0 = 1$ et $\sum_{k=0}^{0} \binom{0}{k} x^k y^{0-k} = 1$ puisque $\binom{0}{0} = 1$, donc P(0) est vraie.
- Hérédité: Fixons $n \geq 1$ et supposons que P(n) soit vraie, il vient alors successivement:

$$(x+y)^{n+1} = (x+y)^{1+n} = (x+y)^1 (x+y)^n = (x+y)\left(\sum_{k=0}^{n} \binom{n}{k} x^k y^{n-k}\right) \text{ car P(n) vraie, puis:}$$

$$(x+y)^{n+1} = x\left(\sum_{k=0}^{n} \binom{n}{k} x^k y^{n-k}\right) + y\left(\sum_{k=0}^{n} \binom{n}{k} x^k y^{n-k}\right) = \left(\sum_{k=0}^{n} \binom{n}{k} x^{k+1} y^{n-k}\right) + \left(\sum_{k=0}^{n} \binom{n}{k} x^k y^{n-k+1}\right)$$

A présent, isolons le terme correspondant à $k = n$ dans la première somme ainsi que le terme correspondant à $k = 0$ dans la seconde somme ; l'expression précédente s'écrit alors:

$$(x+y)^{n+1} = \left(\sum_{k=0}^{k=n-1} \binom{n}{k} x^{k+1} y^{n-k} + \sum_{k=n}^{k=n} \binom{n}{k} x^{k+1} y^{n-k}\right) + \left(\sum_{k=0}^{k=0} \binom{n}{k} x^k y^{n-k+1} + \sum_{k=1}^{k=n} \binom{n}{k} x^k y^{n-k+1}\right)$$

$$\Leftrightarrow (x+y)^{n+1} = \left(\sum_{k=0}^{k=n-1} \binom{n}{k} x^{k+1} y^{n-k} + \binom{n}{n} x^{n+1} y^{n-n}\right) + \left(\binom{n}{0} x^0 y^{n-0+1} + \sum_{k=1}^{k=n} \binom{n}{k} x^k y^{n-k+1}\right)$$

$$\Leftrightarrow (x+y)^{n+1} = \left(\sum_{k=0}^{k=n-1} \binom{n}{k} x^{k+1} y^{n-k} + x^{n+1}\right) + \left(y^{n+1} + \sum_{k=1}^{k=n} \binom{n}{k} x^k y^{n-k+1}\right)$$

Dans la première somme à gauche, effectuons un changement d'indice en posant $j = k+1$, c'est-à-dire $j-1 = k$, de sorte que lorsque k décrit $\{0, \cdots, n-1\}$ on a j qui décrit $\{1, \cdots, n\}$. Ainsi:

$$(x+y)^{n+1} = \left(\sum_{j=1}^{j=n} \binom{n}{j-1} x^{j-1+1} y^{n-j+1} + x^{n+1}\right) + \left(y^{n+1} + \sum_{k=1}^{k=n} \binom{n}{k} x^k y^{n-k+1}\right)$$

$$\Leftrightarrow (x+y)^{n+1} = \left(\sum_{j=1}^{j=n} \binom{n}{j-1} x^j y^{n-j+1} + x^{n+1}\right) + \left(y^{n+1} + \sum_{k=1}^{k=n} \binom{n}{k} x^k y^{n-k+1}\right)$$

La variable de sommation étant muette (on peut la nommer j ou k, peu importe), on a aussi:

$$(x+y)^{n+1} = \left(\sum_{k=1}^{k=n} \binom{n}{k-1} x^k y^{n-k+1} + x^{n+1}\right) + \left(y^{n+1} + \sum_{k=1}^{k=n} \binom{n}{k} x^k y^{n-k+1}\right)$$

Regroupons à présent les deux sommations tout en factorisant par $x^k y^{n-k+1}$:

$$(x+y)^{n+1} = x^{n+1} + \sum_{k=1}^{k=n} \left[\binom{n}{k-1} + \binom{n}{k}\right] x^k y^{n-k+1} + y^{n+1}$$

La relation de Pascal $\binom{n-1}{k-1} + \binom{n-1}{k} = \binom{n}{k}$ soit également $\binom{n}{k-1} + \binom{n}{k} = \binom{n+1}{k}$ donne:

$$(x+y)^{n+1} = x^{n+1} + \sum_{k=1}^{k=n} \binom{n+1}{k} x^k y^{n-k+1} + y^{n+1} \text{ puis, comme } \binom{n+1}{n+1} = 1 = \binom{n+1}{0} \text{ il vient:}$$

$$(x+y)^{n+1} = \binom{n+1}{n+1} x^{n+1} + \sum_{k=1}^{k=n} \binom{n+1}{k} x^k y^{n-k+1} + \binom{n+1}{0} y^{n+1}$$

$$\Leftrightarrow (x+y)^{n+1} = \sum_{k=n+1}^{k=n+1} \binom{n+1}{k} x^k y^{n-k+1} + \sum_{k=1}^{k=n} \binom{n+1}{k} x^k y^{n-k+1} + \sum_{k=0}^{k=0} \binom{n+1}{k} x^k y^{n-k+1} = \sum_{k=0}^{n+1} \binom{n+1}{k} x^k y^{n+1-k}$$

- Conclusion: Ce dernier résultat est P(n+1), donc par le principe de récurrence la formule est démontrée.

Dénombrement

Principe multiplicatif:

- Il s'applique lorsque l'on peut imaginer un arbre dont les branches correspondent à des choix successifs.
- Deux cas différents se présentent suivant que le choix s'effectue dans des ensembles distincts ou non:

Choix dans des ensembles distincts:

01 On peut choisir une entrée parmi 5, un plat parmi 4, puis un dessert parmi 6.

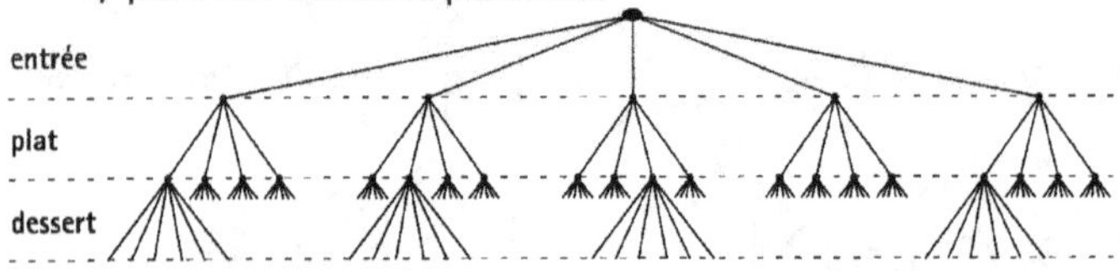

On peut composer 5×4×6=120 menus différents.

02 On lance 4 dés à 6 faces. Pour chacun des dés il y a 6 résultats possibles pour le numéro obtenu ; il y a donc $6\times6\times6\times6=6^4=1296$ résultats ≠ possibles.

Choix dans un même ensemble s'amenuisant:

03 Pour préparer une excursion de 5 randonneurs a, b, c, d et e il faut choisir 3 responsables différents.

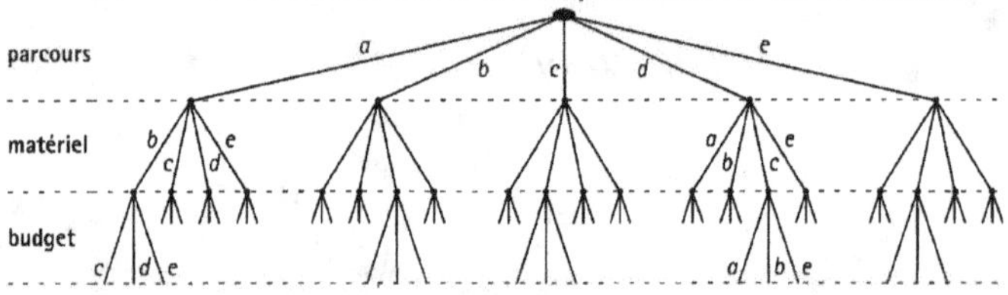

Il y a 5 choix possibles pour le premier, 4 pour le second, puis enfin 3 choix pour le dernier. Il y a donc 5×4×3=60 façons différentes de les choisir.

04 On considère les neuf chiffres {1;2;3;4;5;6;7;8;9} ainsi que les cinq chiffres qui sont impairs {1;3;5;7;9}. Avec ces chiffres, combien peut-on former de nombres de trois chiffres ≠ commençant par un chiffre impair ? Le premier chiffre du nombre étant impair, il est choisi parmi 5. Ensuite, il ne reste plus que 8 choix différents pour le second chiffre du nombre et 7 choix différents pour le troisième chiffre du nombre. Ainsi, il est possible de former 5×8×7=280 nombres différents de trois chiffres tous différents dont le 1er est impair.

Permutations: *On tient compte de l'ordre et on considère toutes les parties du même ensemble.*

- Soit n un entier naturel supérieur ou égal à 2.
  La factorielle de n est le produit de tous les entiers naturels de 1 à n, on note ce nombre n!
  Ainsi $\boxed{n!=1\times2\times3\times\cdots\times(n-1)\times n}$ et par convention $\boxed{0!=1}$
- Rmq: "factorielle" est un nom commun féminin, on dit par exemple *"calculer la factorielle de 8"* et on écrira 8!
- Pour un ensemble composé de n éléments, il y a n! permutations possibles de ses n éléments.
- **05** On considère l'ensemble des trois lettres {a,b,c}. Combien de mots ≠ de trois lettres ≠ peut-on former ?
  La première lettre du mot est choisie parmi 3, la seconde parmi 2 puis la dernière parmi 1 (donc imposée).
  Ainsi il y a 3×2×1=6 c'est-à-dire 3!=6 mots différents formés à partir des trois lettres de l'ensemble {a,b,c}.
- **06** De combien de façons peut-on placer 5 personnes autour d'une table ronde sur des chaises numérotées ?
  On envisage les différentes places pour la première personne (5 places possibles), celle-ci étant placée, on envisage maintenant les différentes places pour la seconde personne (4 places possibles) ... etc ...
  Finalement, pour ces 5 éléments il y a 5×4×3×2×1=5!=120 façons différentes de placer les personnes.

Arrangements: *On tient compte de l'ordre et on ne considère pas forcément toutes les parties de l'ensemble.*

- Maintenant, si on ne considère plus toutes les parties du même ensemble, on parle alors d'arrangements.
- Soit n un entier naturel non nul et p un entier naturel vérifiant $1\leq p\leq n$. Pour un ensemble composé de n éléments, il y a A_n^p arrangements constitués par p éléments pris parmi les n de l'ensemble, et on note:

$$\boxed{A_n^p=\frac{n!}{(n-p)!}} \quad \text{on retrouve} \quad A_n^1=\frac{n!}{(n-1)!}=\frac{\cancel{(n-1)!}\times n}{\cancel{(n-1)!}}=n \quad \text{et} \quad A_n^n=\frac{n!}{(n-n)!}=\frac{n!}{0!}=n!$$

- **07** On considère les neuf chiffres {1;2;3;4;5;6;7;8;9}.
  Avec ces chiffres, combien peut-on former de nombres de neuf chiffres tous différents ?
  On peut considérer 9! permutations ou alors $A_9^9=9!=362\,880$ arrangements des 9 chiffres pris parmi 9.
- **08** Dans leur matériel, 5 randonneurs ont au total 8 drapeaux différents ; ils désirent en accrocher chacun un à leur sac à dos. Combien existe-il de possibilités différentes d'accrocher les drapeaux aux sacs à dos ?
  Le nombre d'arrangements est: $A_8^5=\frac{8!}{(8-5)!}=\frac{8!}{3!}=\frac{1\times2\times3\times4\times5\times6\times7\times8}{1\times2\times3}=4\times5\times6\times7\times8=6\,720$

♦ **09** Au PMU, dans une course de 18 chevaux partants, combien doit-on valider de tickets de 5 chevaux ≠ pour être assuré de toucher le quinté dans l'ordre ? Combien de quintés dans le désordre sont-ils gagnants ?

Il faut valider $A_{18}^{5}=\dfrac{18!}{(18-5)!}=\dfrac{18!}{13!}=18\times17\times16\times15\times14=1\,028\,160$ tickets tous ≠ pour être sûr de gagner.

Sur ce total, il y aura $A_5^5=5!=1\times2\times3\times4\times5=120$ tickets gagnants (dont un seul dans l'ordre).

Combinaisons: *On **ne** tient **pas** compte de l'ordre et on ne considère pas toutes les parties de l'ensemble.*

♦ Soit E un ensemble non vide contenant n éléments et p un entier vérifiant 0≤p≤n. Par définition, une combinaison à p éléments de E est une partie constituée de p éléments pris parmi les n éléments de E. Le nombre de combinaisons à p éléments pris parmi les n éléments d'un ensemble E peut être noté de deux façons différentes:

$$C_n^p=\binom{n}{p}=\frac{n!}{p!(n-p)!}$$

lire "p parmi n"

♦ **10** On prend simultanément (donc l'ordre n'est pas pris en compte) 5 cartes d'un jeu de 32 cartes. On obtient alors une main de 5 cartes possibles parmi 32 cartes. Combien de mains ≠ peut-on réaliser ?

Le nombre de mains différentes est $C_{32}^5=\dbinom{32}{5}=\dfrac{32!}{5!(32-5)!}=\dfrac{28\times29\times30\times31\times32}{1\times2\times3\times4\times5}=201\,376$

♦ **11** Un damier contient 16 cases. Combien y a-t-il de façons ≠ de placer 3 jetons, à raison d'1 jeton par case ? Choisir 3 cases parmi 16 revient à choisir une partie à trois éléments ds un ensemble qui en comporte 16.

Le nombre de façons de placer les 3 jetons est donc $C_{16}^3=\dbinom{16}{3}=\dfrac{16!}{3!(16-3)!}=\dfrac{14\times15\times16}{1\times2\times3}=560$

♦ **12** Une urne contient 10 boules blanches et 15 boules rouges. On choisit simultanément (donc l'ordre n'est pas pris en compte) 4 boules de l'urne. Combien y a-t-il de tirages possibles ?

Le nombre de tirages de 4 boules parmi 10+15=25 est $C_{25}^4=\dbinom{25}{4}=\dfrac{25!}{4!(25-4)!}=\dfrac{22\times23\times24\times25}{1\times2\times3\times4}=12\,650$

♦ **13** Une urne contient 10 boules blanches et 15 boules rouges. On choisit simultanément (donc l'ordre n'est pas pris en compte) 4 boules de l'urne. Combien de tirages comportent 2 boules blanches et 2 rouges ?

On choisit 2 boules blanches parmi 10 $\Rightarrow$ $C_{10}^2=\dbinom{10}{2}=\dfrac{10!}{2!(10-2)!}=\dfrac{9\times10}{1\times2}=45$ choix possibles.

On choisit 2 boules rouges parmi 15 $\Rightarrow$ $C_{15}^2=\dbinom{15}{2}=\dfrac{15!}{2!(15-2)!}=\dfrac{14\times15}{1\times2}=105$ choix possibles.

Au final, on aura donc $45\times105=4725$ tirages comportant exactement deux boules rouges et blanches.

♦ **14** Au loto (ancienne version), il fallait choisir 6 boules parmi 49 (l'ordre était quelconque). Combien de tickets différents fallait-il valider pour être certain d'empocher le gain maximum ?

$\dbinom{49}{6}=\dfrac{49!}{6!\,(49-6)!}=\dfrac{49!}{6!\times43!}=13\,983\,816$, il existait donc près de 14 millions de combinaisons ≠ au loto.

♦ **15** A l'€uroMillion, il faut choisir 5 boules parmi 50 ainsi que 2 étoiles parmi 11. Combien de tickets différents ?

$\dbinom{50}{5}\times\dbinom{11}{2}=116\,531\,800$, il existe donc environ 117 millions de combinaisons différentes à l'€uroMillion.

♦ **16** On extrait une main de 6 cartes d'un jeu de 32 cartes. Déterminer le nombre total de mains possibles.
Une main de 6 cartes est un ensemble de 6 cartes sans ordre particulier, c'est donc une combinaison (et pas un arrangement) de 6 cartes prises parmi un total de 32 cartes dans le jeu.

D'où le nombre total de mains: $C_{32}^6=\dbinom{32}{6}=\dfrac{32!}{6!(32-6)!}=\dfrac{32!}{6!\times26!}=\dfrac{27\times28\times29\times30\times31\times32}{1\times2\times3\times4\times5\times6}=906\,192$

Déterminer le nombre total de mains contenant 6 cœurs.
Une main contenant 6 cœurs est une combinaison de 6 cœurs pris parmi les 8 cœurs du jeu, d'où le nombre de mains de 6 cœurs: $C_8^6=\dbinom{8}{6}=\dfrac{8!}{6!(8-6)!}=\dfrac{8!}{6!\times2!}=\dfrac{7\times8}{1\times2}=28$

Déterminer le nombre total de mains contenant exactement 2 rois.
Une main contenant exactement 2 rois est composée d'une combinaison de 2 rois pris parmi les 4 rois du jeu, puis pour chacune de ces combinaisons, d'une combinaison de 4 cartes prises parmi les 28 cartes qui ne sont pas des rois dans le jeu. D'où le nombre de mains: $C_4^2\times C_{28}^4=\dbinom{4}{2}\times\dbinom{28}{2}=122\,850$

Propriétés: Chaque notation du type $\binom{n}{p}$ peut être remplacée par son équivalent C_n^p.

Soient n et p deux entiers naturels tels que $0 \le p \le n$; on a alors les égalités suivantes:

$$\boxed{\binom{n}{0}=\binom{n}{n}=1} \qquad \boxed{\binom{n}{1}=\binom{n}{n-1}=n} \qquad \boxed{\binom{n}{n-p}=\binom{n}{p}}$$

$$\boxed{\binom{n}{p}+\binom{n}{p+1}=\binom{n+1}{p+1}} \Leftrightarrow \boxed{\binom{n-1}{p-1}+\binom{n-1}{p}=\binom{n}{p}} \text{ Relation de Pascal} \qquad \boxed{\binom{n}{p}=\frac{n}{p}\binom{n-1}{p-1}}$$

Démontrer que: $\binom{n}{0}=\binom{n}{n}=1$

On a $\binom{n}{0}=\frac{n!}{0!(n-0)!}=\frac{n!}{0!n!}=\frac{n!}{1\times n!}=\frac{n!}{n!}=1$ et $\binom{n}{n}=\frac{n!}{n!(n-n)!}=\frac{n!}{n!0!}=\frac{n!}{n!\times 1}=\frac{n!}{n!}=1$ d'où $\binom{n}{0}=\binom{n}{n}=1$

Démontrer que: $\binom{n}{1}=\binom{n}{n-1}=n$

On a $\binom{n}{1}=\frac{n!}{1!(n-1)!}=\frac{(n-1)!\times n}{1!(n-1)!}=n$ et $\binom{n}{n-1}=\frac{n!}{(n-1)!\times(n-n+1)!}=\frac{(n-1)!\times n}{(n-1)!\times 1!}=n$ d'où $\binom{n}{1}=\binom{n}{n-1}=n$

Démontrer que: $\binom{n}{n-p}=\binom{n}{p}$

On obtient successivement: $\binom{n}{n-p}=\frac{n!}{(n-p)!\times(n-[n-p])!}=\frac{n!}{(n-p)!\times(\cancel{n}-\cancel{n}+p)!}=\frac{n!}{(n-p)!\times p!}=\binom{n}{p}$ CQFD

Démontrer que: $\binom{n}{p}+\binom{n}{p+1}=\binom{n+1}{p+1}$

On a $\binom{n}{p}+\binom{n}{p+1}=\frac{n!}{p!(n-p)!}+\frac{n!}{(p+1)!(n-p-1)!}=\frac{n!}{p!(n-p-1)!\times(n-p)}+\frac{n!}{p!\times(p+1)\times(n-p-1)!}$

soit $\binom{n}{p}+\binom{n}{p+1}=\frac{n!\times(p+1)}{p!(n-p-1)!\times(n-p)\times(p+1)}+\frac{n!\times(n-p)}{p!\times(p+1)\times(n-p-1)!\times(n-p)}$

donc $\binom{n}{p}+\binom{n}{p+1}=\frac{n!\times\left[(\cancel{p}+1)+(n-\cancel{p})\right]}{p!(n-p-1)!\times(n-p)\times(p+1)}=\frac{n!\times[1+n]}{(n-p)!\times(p+1)!}=\frac{(n+1)!}{(p+1)!\times\left[(n+1)-(p+1)\right]!}=\binom{n+1}{p+1}$

Démontrer que: $\binom{n}{p}=\frac{n}{p}\binom{n-1}{p-1}$

On obtient successivement: $\binom{n}{p}=\frac{n!}{p!(n-p)!}=\frac{(n-1)!\times n}{(p-1)!\times p\times(n-p)!}=\frac{n}{p}\times\frac{(n-1)!}{(p-1)!\times\left[(n-1)-(p-1)\right]!}=\frac{n}{p}\times\binom{n-1}{p-1}$

Le nombre de parties d'un ensemble de cardinal n est 2^n, c'est-à-dire que l'on a: $\boxed{\sum_{p=0}^{p=n}\binom{n}{p}=2^n}$

Pour le démontrer, il suffit de calculer $(1+1)^n$ au moyen de la formule du binôme.

Formule du binôme: (de Newton)

Soient a et b deux nombres (réels ou complexes) et n un entier naturel non nul. Alors, on a:

$\boxed{(a+b)^n=\sum_{k=0}^{k=n}\binom{n}{k}a^{n-k}b^k}$ qui se note aussi $\boxed{(a+b)^n=\sum_{k=0}^{k=n}C_n^k\,a^{n-k}\,b^k=a^n+C_n^1\,a^{n-1}\,b+C_n^2\,a^{n-2}\,b^2+\cdots+C_n^{n-1}\,ab^{n-1}+b^n}$

Ex: $(a+b)^0=\sum_{k=0}^{k=0} C_0^k \cdot a^{0-k}\cdot b^k = C_0^0 a^{0-0}b^0=\frac{0!}{0!(0-0)!}a^{0-0}b^0=\underline{1}$

$(a+b)^1=\sum_{k=0}^{k=1} C_1^k \cdot a^{1-k}\cdot b^k = C_1^0 a^{1-0}b^0+C_1^1 a^{1-1}b^1=\frac{1!}{0!(1-0)!}a^{1-0}b^0+\frac{1!}{1!(1-1)!}a^{1-1}b^1=\underline{a+b}$

$(a+b)^2=\sum_{k=0}^{k=2} C_2^k \cdot a^{2-k}\cdot b^k = C_2^0 a^{2-0}b^0+C_2^1 a^{2-1}b^1+C_2^2 a^{2-2}b^2$

$=\frac{2!}{0!(2-0)!}a^{2-0}b^0+\frac{2!}{1!(2-1)!}a^{2-1}b^1+\frac{2!}{2!(2-2)!}a^{2-2}b^2=\underline{a^2+2ab+b^2}$

$(a+b)^3=\sum_{k=0}^{k=3} C_3^k \cdot a^{3-k}\cdot b^k = C_3^0 a^{3-0}b^0+C_3^1 a^{3-1}b^1+C_3^2 a^{3-2}b^2+C_3^3 a^{3-3}b^3$

$=\frac{3!}{0!(3-0)!}a^{3-0}b^0+\frac{3!}{1!(3-1)!}a^{3-1}b^1+\frac{3!}{2!(3-2)!}a^{3-2}b^2+\frac{3!}{3!(3-3)!}a^{3-3}b^3=\underline{a^3+3a^2b+3ab^2+b^3}$

$(a+b)^4=\sum_{k=0}^{k=4} C_4^k \cdot a^{4-k}\cdot b^k = C_4^0 a^{4-0}b^0+C_4^1 a^{4-1}b^1+C_4^2 a^{4-2}b^2+C_4^3 a^{4-3}b^3+C_4^4 a^{4-4}b^4$

$=\frac{4!}{0!(4-0)!}a^{4-0}b^0+\frac{4!}{1!(4-1)!}a^{4-1}b^1+\frac{4!}{2!(4-2)!}a^{4-2}b^2+\frac{4!}{3!(4-3)!}a^{4-3}b^3+\frac{4!}{4!(4-4)!}a^{4-4}b^4$

$=\underline{a^4+4a^3b+6a^2b+4ab^3+b^4}$

Les coefficients C_n^k des termes $a^{n-k}b^k$ du développement de $(a+b)^n$ constituent la ligne numéro n du triangle de Pascal ci-contre:

n \ p	0	1	2	3	4	5	6
0	1						
1	1	1					
2	1	2	1				
3	1	3	3	1			
4	1	4	6	4	1		
5	1	5	10	10	5	1	
6	1	6	15	20	15	6	1

Ex: $(a+b)^6=a^6+6a^5b+15a^4b^2+20a^3b^3+15a^2b^4+6ab^5+b^6$

Bien évidemment, on vérifie $C_n^p+C_n^{p+1}=C_{n+1}^{p+1}$

La formule $C_n^{n-p}=C_n^p$ traduit la symétrie de chacune des lignes.

17 Le code d'un coffre est composé de 5 chiffres à taper dans un ordre précis sur un clavier de 9 numéros (1 à 9).

Q1: Un numéro peut être composé plusieurs fois. Combien existe-t-il de codes différents possible ?
Le premier chiffre peut être choisi parmi 9, de même pour le second jusqu'au cinquième. Le principe multiplicatif permet de conclure qu'il existe $9\times9\times9\times9\times9=9^5=59049$ codes différents possibles.

Q2: Combien existe-t-il de codes différents ne comportant aucun numéro impair ? [⇒ choix parmi {2;4;6;8}]
Le premier chiffre peut être choisi parmi 4, de même pour le second jusqu'au cinquième. Le principe multiplicatif permet de conclure qu'il existe $4\times4\times4\times4\times4=4^5=1024$ codes différents possibles.

Q3: Combien existe-t-il de codes différents ne comportant aucun numéro pair ? [⇒ choix parmi {1;3;5;7;9}]
Le premier chiffre peut être choisi parmi 5, de même pour le second jusqu'au cinquième. Le principe multiplicatif permet de conclure qu'il existe $5\times5\times5\times5\times5=5^5=3125$ codes différents possibles.

Q4: Combien existe-t-il de codes différents comportant au moins un numéro impair ?
Puisqu'il existe 1 024 codes ne comportant aucun numéro impair sur un nombre total de 59 049 codes différents, on déduit qu'il y a $59049-1024=58025$ codes comportant au moins un numéro impair.

Q5: Combien existe-t-il de codes différents comportant au moins un numéro pair ?
Puisqu'il existe 3 125 codes ne comportant aucun numéro pair sur un nombre total de 59 049 codes différents, on déduit qu'il y a $59049-3125=55924$ codes comportant au moins un numéro pair.

Q6: Combien existe-t-il de codes différents comportant deux numéro 7 placés n'importe où ?
L'ordre ne comptant pas, nous avons une combinaison de 2 positions parmi 5, il y a donc $C_5^2=10$ codes

Q7: Combien existe-t-il de codes différents comportant *exactement* deux numéro 7 placés n'importe où ?
Il y a C_5^2 façons différentes de placer les deux numéros sept.

Une fois ces deux numéros choisis, le troisième numéro devant être différent de 7, il sera choisi parmi l'ensemble {1;2;3;4;5;6;8;9} de dimension 8, de même le quatrième numéro sera choisi parmi 8, ainsi que le cinquième. Il y a donc 8^3 façons différentes de choisir les trois numéros qui ne sont pas des 7. Le principe multiplicatif permet finalement de conclure qu'il y aura $C_5^2\times8^3=5120$ codes différents possibles.

Q8: On suppose maintenant que les cinq chiffres sont tous distincts. Combien de codes différents existe-il ?
Le premier chiffre sera choisi parmi 9, le second parmi 8, le troisième parmi 7, le quatrième parmi 6 et le cinquième parmi 5 ; il y aura donc $9 \times 8 \times 7 \times 6 \times 5 = 15\,120$ codes différents.
On peut aussi le voir comme un arrangement de 5 parmi 9 qui nous donne $A_9^5 = 15\,120$ codes différents.

Q9: Les cinq chiffres sont tous distincts. Combien existe-il de codes dont le premier chiffre est impair ?
Le 1er chiffre sera choisi parmi {1;3;5;7;9} de taille 5, le 2nd parmi un ensemble de taille 8, le 3ème parmi un ensemble de taille 7, le 4ème parmi un ensemble de taille 6 et le 5ème parmi un ensemble de taille 5.
Ainsi, il existe $5 \times 8 \times 7 \times 6 \times 5 = 8\,400$ codes à cinq chiffres distincts commençant par un chiffre impair.

18 Un numéro de téléphone portable est formé de 10 chiffres dont les deux premiers sont imposés: 06 ou 07. Combien de numéros de téléphone portable différents commençant par 06 sont disponibles au total ?
Les deux premiers chiffres du numéro de téléphone sont imposés, ce sont 0 et 6 (dans cet ordre). Ensuite, chaque chiffre du numéro peut être un élément de {0;1;2;3;4;5;6;7;8;9} donc choisi parmi 10 chiffres. Ainsi, le nombre de numéros de téléphone est $10 \times \ldots \times 10 = 10^8$ soit 100 millions de numéros de portable différents.

19 La référence d'une cartouche d'encre est composée d'une seule lettre de l'ensemble {A;H;S;T} ainsi que d'un seul chiffre de l'ensemble {1;3;5}. Dénombrer toutes les références possibles de ces cartouches d'encre.
On choisit une lettre parmi 4 et un chiffre parmi 3, il y a donc $4 \times 3 = 12$ références possibles de ces cartouches.

20 Un test d'aptitude consiste à poser à chaque candidat une série de quatre questions auxquelles il doit répondre uniquement par OUI ou NON. Dénombrer toutes les possibilités de répondre au test.
Il y a 4 questions avec à chaque fois 2 réponses possibles, d'où $2 \times 2 \times 2 \times 2 = 16$ possibilités de répondre au test.

21 Un restaurant propose à ses clients un menu qui se compose d'une entrée à choisir parmi trois $\{E_1;E_2;E_3\}$, d'un plat à choisir parmi quatre $\{P_1;P_2;P_3;P_4\}$ et pour finir d'un dessert à choisir parmi quatre $\{D_1;D_2;D_3;D_4\}$
Combien un client peut-il composer de menus différents ? Il peut composer $3 \times 4 \times 4 = 48$ menus tous différents.
Combien un client peut-il composer de menus avec P_2 ? Il peut composer $3 \times 1 \times 4 = 12$ menus comportant P_2.

22 Un enfant possède 5 crayons de couleur: Rouge, Vert, Bleu, Jaune et Marron. Il dessine un bonhomme et choisit un crayon pour la tête, un autre pour le corps et un troisième pour les membres. En supposant qu'il peut utiliser la même couleur pour ≠ parties, déterminer le nombre de choix des trois crayons. Pour chaque partie à dessiner, il peut choisir parmi 5 couleurs d'où $5 \times 5 \times 5 = 125$ choix de couleur différents. En supposant qu'il utilise toujours trois couleurs distinctes, déterminer le nombre de choix des trois crayons. La 1ère couleur peut-être choisie parmi 5, la seconde parmi 4, puis la dernière parmi 3, il y a donc $5 \times 4 \times 3 = 60$ choix différents.

23 A l'arrivée d'une course de chevaux, le tiercé gagnant est (7;3;12).
Quels sont les tiercés dans le désordre ? (7;12;3) (3;7;12) (3;12;7) (12;7;3) (12;3;7)
Combien de tiercés gagnants au total ? 5 dans le désordre, plus 1 dans l'ordre donne $A_3^3 = 3! = 1 \times 2 \times 3 = 6$

24 Pour choisir le canal d'émission d'un appareil utilisant des ondes radio, on dispose de 8 interrupteurs pouvant chacun être commutés sur ON ou OFF. De combien de canaux d'émission différents peut-on disposer ? Chaque interrupteur peut être commuté suivant 2 choix $\Rightarrow$ $2 \times 2 \times \ldots \times 2 = 2^8 = 256$ canaux d'émissions différents.

Vocabulaire de la théorie des ensembles
Structures algébriques

Une relation binaire $\mathcal{R}$ dans un ensemble E est dite:

- **réflexive** si et seulement si:
  $\forall x \in E \quad , \quad x\mathcal{R}x$
- **symétrique** si et seulement si:
  $\forall x, y \in E \quad , \quad x\mathcal{R}y \Rightarrow y\mathcal{R}x$
- **antisymétrique** si et seulement si:
  $\forall x, y \in E \quad , \quad x\mathcal{R}y$ et $y\mathcal{R}x \Rightarrow x = y$
- **transitive** si et seulement si:
  $\forall x, y, z \in E \quad , \quad x\mathcal{R}y$ et $y\mathcal{R}z \Rightarrow x\mathcal{R}z$

Une relation $\mathcal{R}$ de E vers F est une **relation binaire** ssi $F = E$. On dit que $\mathcal{R}$ est une relation binaire dans E.

La classe d'équivalence de x modulo $\mathcal{R}$ est l'ensemble:
$\forall x \in E \quad , \quad cl(x) = \{ \ y \in E \ ; \ x\mathcal{R}y \ \}$

Soit $\mathcal{R}$ une relation binaire dans un ensemble E.

- $\mathcal{R}$ est une **relation d'équivalence** si et ssi elle est **R**éflexive, **S**ymétrique et **T**ransitive.
- $\mathcal{R}$ est une **relation d'ordre** si seulement si elle est **R**éflexive, **A**ntisymétrique et **T**ransitive.

Une application $f : E \to F$ est dite:

- **injective** si et seulement si:
  $\forall x_1, x_2 \in E \ , \ f(x_1) = f(x_2) \Rightarrow x_1 = x_2$
- **surjective** si et seulement si:
  $\forall y \in F \quad , \exists x \in E \quad , \ y = f(x)$
- **bijective** si et seulement si:
  f est surjective et injective, c'est-à-dire:
  $\forall y \in F \quad , \exists ! x \in E \ , \ y = f(x)$

On appelle **morphisme** de (E,*) dans (F,T) toute application $f : E \to F$ telle que: $\forall x, y \in E \quad , \quad f(x * y) = f(x) \, T \, f(y)$

- un <u>isomorphisme</u> est un morphisme bijectif
- un <u>endomorphisme</u> est un morphisme de (E,*) dans (E,*)
- un <u>automorphisme</u> est un endomorphisme bijectif de (E,*)

f et g Injective $\Rightarrow g°f$ *idem*
f et g Surjective $\Rightarrow g°f$ *idem*
f et g Bijective $\Rightarrow g°f$ *idem*
$g°f$ Injective $\Rightarrow$ f Injective
$g°f$ Surjective $\Rightarrow$ g Surjective
$g°f$ Bijective $\Rightarrow$ f Inj , g Sur
$(g°f)^{-1} = f^{-1}°g^{-1}$

Un morphisme f de E dans F est:

- un isomorphisme si f bijective
- un endomorphisme si $E = F$
- un automorphisme si f est bijective avec de plus $E = F$

Soient (G,*) et (G',*') deux gpes de neutres e et e' et f:(G,*)→(G',*') un morphisme de gpes

$\operatorname{Ker}(f) = f^{-1}(\{e'\}) = \{ \ x \in G \ ; \ f(x) = e' \ \}$

$\operatorname{Im}(f) = f(G) = \{ \ y \in G' \ ; \ \exists x \in G \ , \ y = f(x) \ \}$

Une **loi de composition interne** * sur un ensemble E, est une application de E×E dans E tq: $(x, y) \mapsto x * y$

- est <u>associative</u> si et seulement si:
  $\forall x, y, z \in E \quad , \quad (x * y) * z = x * (y * z)$
- est <u>commutative</u> si et seulement si:
  $\forall x, y \in E \quad , \quad x * y = y * x$
- est <u>distributive</u> à gauche -/- à une autre LCI T si et ssi:
  $\forall x, y, z \in E \quad , \quad x * (y \, T \, z) = (x * y) \, T \, (x * z)$
- est distributive à droite -/- à une autre LCI T si et ssi:
  $\forall x, y, z \in E \quad , \quad (y \, T \, z) * x = (y * x) \, T \, (z * x)$
- admet un élément <u>neutre</u> à gauche si et ssi:
  $\forall x \in E \quad , \quad e * x = x$
- admet un élément neutre à droite si et ssi:
  $\forall x \in E \quad , \quad x * e = x$
- Pour tout x de E on note: $x^0 = e$
  et si e existe, alors il est unique
- supporte la <u>symétrie</u> (càd l'inverse) si et ssi:
  $\forall x \in E \quad , \quad \exists x' \in E \quad , \quad x * x' = x' * x = e$

(G,*) est **un groupe** si et ssi:

- G n'est pas vide: $G \neq \varnothing$
- * est une LCI dans G
- la LCI * est associative
- la LCI * admet un neutre
- la LCI * supporte la symétrie

(G,*) est **un groupe abélien** si et ssi:

- (G,*) est un groupe
- la LCI * est commutative

(A,+,×) est **un anneau** ssi:

- (A,+) est un groupe abélien
- la 2nde LCI × est associative
- la 2nde LCI × admet un neutre
- × est distributive par rapport à +

(A,+,×) est **un anneau commutatif** ssi:

- (A,+,×) est un anneau
- la 2nde LCI × est commutative

A et B étant deux anneaux, une application f de A dans B est **un morphisme d'anneaux** si et seulement si:

$$\forall (x, y) \in A^2 \quad , \quad f(x + y) = f(x) + f(y) \quad , \quad f(xy) = f(x) f(y) \quad , \quad f(1_A) = 1_B$$

Lorsqu'il existe, dans un anneau, des éléments a et b tels que $a \neq 0$ et $b \neq 0$ donne $ab = 0$, on dit que a et b sont des diviseurs de zéro. **Un anneau intègre** est un anneau commutatif, non réduit à {0}, et sans diviseur de 0.

Un corps est un anneau, non réduit à {0} , dont tous les éléments $\neq 0$ sont inversibles. Il est commutatif si l'anneau est commutatif. L'ensemble $\mathbb{R}$ est un corps ordonné car la relation d'ordre $\leq$ est compatible avec + et ×

On dit qu'un ensemble E est **une algèbre** sur un corps K, ou K-algèbre, s'il est muni de deux lois internes notées + et ×, et d'une loi externe sur K notée **.** , avec les propriétés:

(E,+,.) est un K-espace vectoriel (E,+,×) est un anneau $\forall \lambda \in K \ , \ \forall x, y \in E \ , \ \lambda(xy) = (\lambda x) y = x(\lambda y)$

00 Donner des exemples de relations d'équivalences ; préciser les classes d'équivalences correspondantes.

- Considérons la relation binaire "être parallèle", notée habituellement // dans l'ensemble E des droites affines du plan. Soient x, y et z trois droites de E. Alors, toute droite est parallèle à elle-même, soit x//x [réflexivité] ; si de plus on a x//y alors y//x [symétrie] ; enfin x//y et y//z donne x//z [transitivité]. Ceci montre que la relation binaire "être parallèle" est une relation d'équivalence. La classe d'équivalence d'une droite x est l'ensemble des droites qui lui sont parallèles, cela correspond finalement à une seule direction du plan affine.
- Soit la relation binaire "être du même âge que" dans l'ensemble E des personnes d'une ville. Notons x, y et z le prénom de trois personnes de cette ville. Alors, bien évidemment x est du même âge que lui même [réflexivité] ; si x est du même âge que y alors y est aussi du même âge que x [symétrie] ; si x est du même âge que y et y du même âge que z il apparaît que x sera du même âge que z [transitivité]. Ainsi, la relation binaire "être du même âge que" est une relation d'équivalence. La classe d'équivalence d'une personne prénommée x est l'ensemble des personnes qui ont le même âge que x ; il y a donc une classe d'équivalence formée des personnes de 20 ans, une autre des personnes de 21 ans, une autre des personnes de 22 ans, ...
- Définissons sur l'ensemble $E=\mathbb{Z}\times\mathbb{N}\backslash\{0\}$ la relation binaire $\mathscr{R}$ par: $(p_1,q_1)\mathscr{R}(p_2,q_2) \Leftrightarrow p_1q_2=p_2q_1$
  - Pour tout (p,q) de E on a bien pq=pq donc $(p,q)\mathscr{R}(p,q)$ et la relation binaire $\mathscr{R}$ est réflexive.
  - Soit (p_1,q_1) et (p_2,q_2) dans E tel que $(p_1,q_1)\mathscr{R}(p_2,q_2)$ c'est-à-dire $p_1q_2=p_2q_1$ alors $p_2q_1=p_1q_2$ donc $(p_2,q_2)\mathscr{R}(p_1,q_1)$
  - Soit $(p_1,q_1),(p_2,q_2),(p_3,q_3)$ dans E tel que $(p_1,q_1)\mathscr{R}(p_2,q_2)$ et $(p_2,q_2)\mathscr{R}(p_3,q_3)$ alors on obtient les deux égalités $p_1q_2=p_2q_1$ et $p_2q_3=p_3q_2$. Multiplions la première égalité par q_3 [ce qui donne $(p_1q_2)q_3=(p_2q_1)q_3$] et la seconde par q_1 [ce qui donne $q_1(p_2q_3)=q_1(p_3q_2)$] alors du fait de la commutativité de la multiplication, le terme commun $p_2q_1q_3$ $(=q_1p_2q_3)$ permet d'écrire $p_1q_2q_3=p_2q_1q_3=q_1p_3q_2$ soit encore $p_1q_2q_3=q_1p_3q_2$. A présent, en divisant les deux termes de cette égalité par $q_2\neq 0$ on obtient $p_1q_3=q_1p_3$; par définition de la relation $\mathscr{R}$ cette dernière égalité est équivalente à $(p_1,q_1)\mathscr{R}(p_3,q_3)$ donc la relation binaire est transitive ; c'est une relation d'équivalence.
  - La classe d'équivalence d'un élément $(p,q)\in\mathbb{Z}\times\mathbb{N}\backslash\{0\}$ peut être notée cl(p,q) ou $p\div q$, voire p/q. Par exemple, puisque $(2,3)\mathscr{R}(4,6)$ [car $2\times 6=4\times 3$] les classes de (2,3) et (4,6) sont égales et donc les fractions 2/3 et 4/6 sont égales, même si les représentants de ces classes sont différents. C'est ainsi que l'on définit l'ensemble $\mathbb{Q}$ des rationnels comme étant l'ensemble des classes d'équivalence de la relation binaire $\mathscr{R}$ définie plus haut.

01 $n\geq 2$ entier. $E=\mathbb{Z}$. Montrer que $\equiv$ définie par $(a\equiv b[n] \Leftrightarrow \exists! k\in\mathbb{Z},\ a-b=kn)$ est une relation d'équivalence.

- Pour tout a de $\mathbb{Z}$, nous avons $(a\equiv a\,[n] \Leftrightarrow \exists! k\in\mathbb{Z},\ a-a=kn) \Rightarrow k=0$ donc la relation $\equiv$ est réflexive.
- Pour $a,b\in\mathbb{Z}$ tels que $a\equiv b\,[n]$ nous obtenons successivement:
  $a\equiv b\,[n] \Leftrightarrow \exists! k\in\mathbb{Z},\ a-b=kn \Leftrightarrow \exists! k\in\mathbb{Z},\ b-a=(-k)n \Leftrightarrow b\equiv a\,[n]$ ainsi la relation $\equiv$ est symétrique.
- Toujours dans $\mathbb{Z}$, si nous avons $a\equiv b\,[n]$ et $b\equiv c\,[n]$ alors par équivalence des écritures nous avons également $\exists! k_1\in\mathbb{Z},\ a-b=k_1n$ et $\exists! k_2\in\mathbb{Z},\ b-c=k_2n$. En additionnant les deux égalités il apparaît qu'il existe k_1, k_2 uniques tq $(a-b)+(b-c)=k_1n+k_2n$ soit $a-c=(k_1+k_2)n$ donc $a\equiv c\,[n]$ et $\equiv$ est transitive.
- Ce qui précède montre que la relation binaire $\equiv$, telle que définie plus haut, est une relation d'équivalence.
- Remarques: La relation $\equiv$ est appelée "congruence". Suivant les livres la relation de congruence est présentée de façon plus ou moins claire, par exemple: *"Soient n un entier naturel non nul, a et b deux entiers relatifs. On dit que a et b sont congrus modulo n, ou bien que a est congru à b modulo n, si les entiers a et b ont le même reste dans la division euclidienne par n"*. De même, la notation utilisée pour la congruence n'est pas unique et suivant les livres on peut lire $a\equiv b[n]$ ou $a\equiv b(n)$ ou $a\equiv b(\text{modulo } n)$ ou $a\equiv b(\text{mod } n)$ ou $a\equiv_n b$ suivant les cas ! Et pourtant, la congruence est une notion aisée à comprendre si on se souvient de la trigonométrie vue au lycée. Par exemple, l'écriture $\alpha=\beta+2k\pi,\ k\in\mathbb{Z}$ s'écrit tout simplement $\alpha\equiv\beta[2\pi]$; on passe de α à β en effectuant un certain nombre de tours, chacun de longueur 2π dans le cas de la trigonométrie. Et donc, dans l'écriture $a\equiv b[n]$ on peut passer de "a" à "b" en effectuant un certain nombre de tours, chacun de longueur n.
- La classe d'équivalence de $a\in\mathbb{Z}$ est notée $\bar{a}$ et est par définition $\bar{a}=\text{cl}(a)=\{b\in\mathbb{Z}\ ;\ a\equiv b\,[n]\}$. Comme un tel b s'obtient à partir de $\exists! k'\in\mathbb{Z},\ a-b=k'n \Leftrightarrow \exists! k'\in\mathbb{Z},\ b=a-k'n$ et que le signe devant k' importe peu puisqu'il suffit de poser k=−k', alors on a exactement: $\bar{a}=\text{cl}(a)=\{a+kn\ ;\ k\in\mathbb{Z}\}=a+n\mathbb{Z}$. Puisque $n\equiv 0\,[n]$, $n+1\equiv 1\,[n]$, $n+2\equiv 2\,[n]$, ... alors $\bar{n}=\bar{0}$, $\overline{n+1}=\bar{1}$, $\overline{n+2}=\bar{2}$, ... qui contient exactement n éléments. Finalement l'ensemble des classes d'équivalence est: $\boxed{\mathbb{Z}/n\mathbb{Z}=\{\bar{0},\bar{1},\bar{2},\cdots,\overline{n-1}\}}$. Par exemple, pour $n=3$ on a $\bar{0}=\{\cdots,-6,-3,0,3,6,\cdots\}=3\mathbb{Z}$; $\bar{1}=\{\cdots,-5,-2,1,4,7,\cdots\}=1+3\mathbb{Z}$; $\bar{2}=\{\cdots,-4,-1,2,5,8,\cdots\}=2+3\mathbb{Z}$ mais ensuite $\bar{3}=\{\cdots,-3,0,3,6,9,\cdots\}$ donc $\bar{3}=\bar{0}$ et finalement $\mathbb{Z}/3\mathbb{Z}=\{\bar{0},\bar{1},\bar{2}\}$ possède exactement trois éléments.

  Remarque: Pour $n\geq 2$, $\mathbb{Z}/n\mathbb{Z}$ muni des deux lois $\bar{a}+\bar{b}=\overline{a+b}$ et $\bar{a}\times\bar{b}=\overline{a\times b}$ est un anneau commutatif.

02 Dans $\mathbb{C}$, on définit la relation $\mathscr{R}$ par: $z_1\mathscr{R}z_2 \Leftrightarrow |z_1|=|z_2|$. Montrer que $\mathscr{R}$ est une relation d'équivalence.

- Soient z_1, z_2, z_3 dans $\mathbb{C}$ alors de façon évidente $|z_1|=|z_1|$ [réflexivité] et si $|z_1|=|z_2|$ alors $|z_2|=|z_1|$ [symétrie]. De même, si on a $|z_1|=|z_2|$ et $|z_2|=|z_3|$ alors $|z_1|=|z_3|$ [transitivité]. Ainsi, $\mathscr{R}$ est une relation d'équivalence.
- Remarque: La classe d'équivalence d'un point z quelconque de $\mathbb{C}$ est l'ensemble des complexes qui sont en relation avec z, càd l'ensemble des nombres complexes dont le module est égal à $|z|$. Géométriquement, la classe d'équivalence de z est le cercle centré en l'origine O(0,0) et de rayon $|z|$; ainsi: $cl(z)=\{\,|z|e^{i\theta}\ ;\ \theta\in\mathbb{R}\,\}$.

03 Dans $\mathbb{R}$, on définit la relation $\mathscr{R}$ par: $x\mathscr{R}y \Leftrightarrow xe^y=ye^x$. Montrer que $\mathscr{R}$ est une relation d'équivalence.

- Soient x et y dans $\mathbb{R}$, alors de façon évidente $xe^x=xe^x$ [réflexivité] et si $xe^y=ye^x$ alors on a $ye^x=xe^y$ [symétrie]. Soient x, y, z dans $\mathbb{R}$ tels que $x\mathscr{R}y$ et $y\mathscr{R}z$ alors par équivalences logiques nous avons $xe^y=ye^x$ et $ye^z=ze^y$. Calculons xye^z. Des égalités successives donnent: $xye^z=x(ye^z)=x(ze^y)=xze^y=zxe^y=z(xe^y)=z(ye^x)=zye^x=yze^x$. Ensuite, si nous comparons le premier terme de l'égalité ci-dessus avec son dernier terme: $xye^z=yze^x$. Puis, si $y\neq0$ en divisant par y on obtient: $xe^z=ze^x \Leftrightarrow x\mathscr{R}z$. Pour le cas y=0 alors x=0 et z=0 donc également $x\mathscr{R}z$. Ce résultat montre la transitivité de la relation binaire telle que définie, donc $\mathscr{R}$ est une relation d'équivalence.
- Remarque: Soit $x\in\mathbb{R}$ fixé. Notons cl(x) la classe d'équivalence de x modulo $\mathscr{R}$ notée $cl(x)=\{y\in\mathbb{R};x\mathscr{R}y\}$ soit aussi $cl(x)=\{y\in\mathbb{R};xe^y=ye^x\}$. Considérons la fonction $f:\mathbb{R}\to\mathbb{R}$ définie par $f(t)=t/e^t$ alors $xe^y=ye^x$ qui s'écrit aussi $x/e^x=y/e^y$ permet de noter f(x)=f(y). Autrement dit, cl(x) est l'ensemble des $y\in\mathbb{R}$ qui par f prennent la même valeur que f(x) ; en raccourci on pourrait donc noter $cl(x)=f^{-1}(f(x))$. Il est également possible de préciser le nombre d'éléments de la classe de x modulo $\mathscr{R}$, pour se faire on va considérer la fonction f définie plus haut et étudier son graphe. L'étude du signe de la dérivée de f montre que f est strictement croissante sur $]-\infty;1]$ puis strictement décroissante sur $[1;+\infty[$. Pour x>0 on a $f(x)\in]0;1/e]$ et dans ce cas f(x) admet deux antécédents, et pour $x\leq0$ on a $f(x)\in]-\infty;0]$ et f(x) a un seul antécédent. En conclusion: si $x\leq0$ alors $Card(cl(x))=Card(f^{-1}(f(x)))=1$ et si x>0 on obtient $Card(cl(x))=Card(f^{-1}(f(x)))=2$ [par exemple x_1 et x_2 ci-contre].

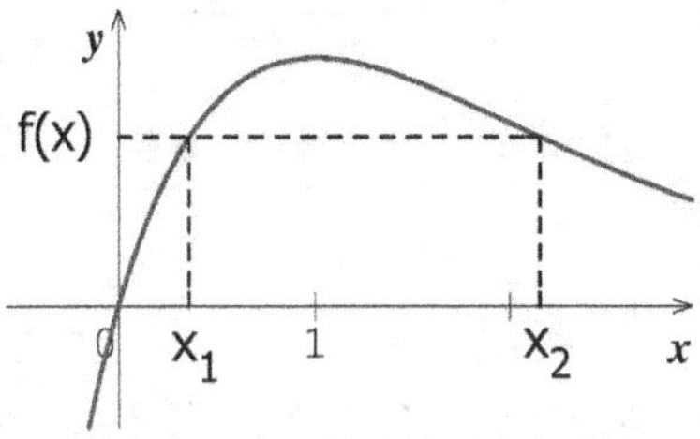

04 Soit $(E,\leq)$ un ensemble ordonné. On considère sur $\mathscr{P}(E)\backslash\{0\}$ la relation $\mathscr{R}$ définie par:

$X\mathscr{R}Y \Leftrightarrow (\,X=Y$ ou $\forall x\in X,\ \forall y\in Y,\ x\leq y\,)$ Montrer que $\mathscr{R}$ est une relation d'ordre.

- Pour tout $X\subset\mathscr{P}(E)\backslash\{0\}$ nous avons $X\mathscr{R}X$ équivalent à X=X, ce qui permet de vérifier que $\mathscr{R}$ est réflexive.
- Soient X,Y inclus dans $\mathscr{P}(E)\backslash\{0\}$ et tels que $X\mathscr{R}Y$ ainsi que $Y\mathscr{R}X$, alors nous pouvons écrire:

  $(\,X=Y$ ou $\forall x\in X,\ \forall y\in Y,\ x\leq y\,)$ et $(\,Y=X$ ou $\forall y\in Y,\ \forall x\in X,\ y\leq x\,)$

  donc également: $(\,X=Y$ ou $\forall x\in X,\ \forall y\in Y,\ x\leq y$ et $y\leq x\,)$

  La relation $\leq$ est une relation d'ordre, ce qui fait que ($x\leq y$ et $y\leq x$) implique nécessairement (x=y) ; nous obtenons ensuite $(\,\forall x\in X,\ \forall y\in Y, x=y\,)$ ce qui implique que (X=Y) et démontre l'antisymétrie de la relation $\mathscr{R}$.
- Soient X,Y,Z inclus dans $\mathscr{P}(E)\backslash\{0\}$ et tels que $X\mathscr{R}Y$ et $Y\mathscr{R}Z$, alors nous pouvons écrire:

  $(\,X=Y$ ou $\forall x\in X,\ \forall y\in Y,\ x\leq y\,)$ et $(\,Y=Z$ ou $\forall y\in Y,\ \forall z\in Z,\ y\leq z\,)$

  donc également: $(\,X=Y$ ou $Y=Z$ ou $\forall x\in X,\ \forall y\in Y,\ \forall z\in Z,\ x\leq y$ et $y\leq z\,)$

  → Si X=Y ou Y=Z alors $X\mathscr{R}Z$

  → Si $X\neq Y$ et $Y\neq Z$ alors par transitivité de la relation $\leq$ nous obtenons: $\forall x\in X,\ \forall z\in Z,\ x\leq z$ donc $X\mathscr{R}Z$

  Nous venons de montrer la transitivité de la relation binaire, donc $\mathscr{R}$ est une relation d'ordre sur $\mathscr{P}(E)\backslash\{0\}$.

05 On considère trois ensembles A, B et C ainsi que deux applications $f:A\to B$ et $g:B\to C$

Montrer que (gof injective $\Rightarrow$ f injective) puis que (gof surjective $\Rightarrow$ g surjective) [voir la fiche 02 FC]

- Soient $a_1,a_2\in A$ avec $f(a_1)=f(a_2)$ alors $gof(a_1)=gof(a_2)$. Or, gof est injective donc $a_1=a_2$. Ainsi, nous avons montré que: $\forall a_1,a_2\in A\ ,\ f(a_1)=f(a_2)\Rightarrow a_1=a_2$ ce qui est la définition de f injective.
- Soit $c\in C$. Comme gof est surjective, il existe $a\in A$ tel que gof(a)=c. Posons b=f(a) alors g(b)=g(f(a))=gof(a)=c. Ce raisonnement est valide pour tout $c\in C$, donc g est surjective.

06 On considère quatre ensembles A, B, C et D et trois applications $f:A\to B$, $g:B\to C$ et $h:C\to D$

Montrer que (gof et hog sont bijectives) $\Leftrightarrow$ (f, g et h sont bijectives)

- ($\Leftarrow$) Si f et g sont bijectives alors gof l'est aussi. Même raisonnement pour g et h qui donne hog bijective.
- ($\Rightarrow$) → Si hog est bijective alors elle est également injective (et surjective par définition même de la bijectivité). Or, nous avons vu dans l'exercice **05** que dans ce cas g est une application injective.

  → Si gof est bijective alors elle est également surjective (et injective par définition même de la bijectivité). Or, nous avons vu dans l'exercice **05** que dans ce cas g est une application surjective.

  → Puisque g est une application à la fois injective et surjective, elle est bijective. [voir la fiche 02 FC]

  → En posant $f=g^{-1}o(gof)$ alors f est bijective comme composée d'applications bijectives, de même pour h.

Arithmétique dans $\mathbb{Z}$

La photocopie tue le livre

Divisibilité

- si $a \mid b$ alors $b = k \times a$ avec $k \in \mathbb{Z}^*$
- si $a \mid b$ et $k \in \mathbb{Z}^*$ alors $a \mid kb$ (si a|b alors a divise tout multiple de b)
- $a \mid b$ et $b \mid c \Rightarrow a \mid c$
- $a \mid b$ et $b \mid a \Leftrightarrow a = b$ ou $a = -b$
- $a \mid b$ et $a \mid c \Rightarrow a \mid b+c$, $a \mid b-c$ et $a \mid b \times c$

Division euclidienne

- Soit a un entier relatif et b un entier naturel non nul.
  Il existe un unique couple $(q;r)$ avec $q \in \mathbb{Z}$ et $r \in \mathbb{N}$, tel que: $a = bq + r$ et $0 \le r < b$
  a est le dividende, b le diviseur, q le quotient et r le reste.
- On dit que l'unique couple $(q;r)$ est le résultat de la division euclidienne de a par b.

$$\begin{array}{r|l} a & b \\ \cline{2-2} & q \\ r & \end{array}$$

Congruence

- $n \mid a \Leftrightarrow a \equiv 0\,(n)$
- $a \equiv b\,(n) \Leftrightarrow b \equiv a\,(n)$
- $a \equiv b\,(n) \Leftrightarrow a - b \equiv 0\,(n) \Leftrightarrow n \mid a - b \Leftrightarrow n \mid b - a$
- si $a \equiv b\,(n)$ alors $a = b + k \times n$ avec $k \in \mathbb{Z}$
- si $a \equiv b\,(n)$ et si $b \equiv c\,(n)$ alors $a \equiv c\,(n)$
- si $a \equiv b\,(n)$ et si $c \equiv d\,(n)$ alors: $a + c \equiv b + d\,(n)$, $a - c \equiv b - d\,(n)$, $a \times c \equiv b \times d\,(n)$
- si $a \equiv b\,(n)$ et si $k \in \mathbb{Z} \setminus \{0\}$ alors: $a + k \equiv b + k\,(n)$, $a - k \equiv b - k\,(n)$, $a \times k \equiv b \times k\,(n)$
- si $a \equiv b\,(n)$ et si $p \in \mathbb{N} \setminus \{0\}$ alors: $a^p \equiv b^p\,(n)$
- $\forall n \in \mathbb{Z}^*,\ n \equiv 0\,(n)$
- $\forall a \in \mathbb{N}^*, \forall n \in \mathbb{N}^*,\ a \equiv a\,(n)$

Plus Grand Commun Diviseur et Plus Petit Commun Multiple

- $\text{PGCD}(a;b) \le a$
- $\text{PGCD}(a;b) \le b$
- $\text{PGCD}(a;b) = \text{PGCD}(b;a)$
- $\text{PGCD}(a;b) \mid a$
- $\text{PGCD}(a;b) \mid b$
- si $b \mid a$ alors $\text{PGCD}(a;b) = b$
- $\text{PGCD}(a;a) = a$
- $\text{PGCD}(a;1) = 1$
- $\text{PGCD}(a;b) \times \text{PPCM}(a;b) = |ab|$

- Algorithme d'EUCLIDE: Soient a et b deux entiers naturels non nuls.
  Soient q et r le quotient et le reste de la division euclidienne de a par b (on a donc a=bq+r)
  Alors, si $r = 0$ on a $\text{PGCD}(a;b) = b$ et si $r \neq 0$ on a $\text{PGCD}(a;b) = \text{PGCD}(b;r)$ avec $r = a - bq$

$$\begin{array}{r|l} a & b \\ \cline{2-2} & q \\ r & \end{array}$$

- L'ensemble des diviseurs communs à a et à b est l'ensemble des diviseurs de leur PGCD, ce qui peut s'exprimer également en écrivant que deux entiers naturels ($\neq 0$) a et b sont des multiples de leur PGCD(a;b)
- L'ensemble des multiples communs à a et à b est l'ensemble des multiples de leur PPCM, ce qui peut s'exprimer également en écrivant que deux entiers naturels ($\neq 0$) a et b sont des diviseurs de leur PPCM(a;b)
- Pour tout entier naturel k non nul: $\text{PGCD}(ka;kb) = k \times \text{PGCD}(a;b)$; $\text{PPCM}(ka;kb) = k \times \text{PPCM}(a;b)$

- $\text{PPCM}(a;b) = \text{PPCM}(b;a)$
- si $a \mid b$ (donc si b est un multiple de a) alors $\text{PPCM}(a;b) = b$
- a,b 1ers entre eux $\Leftrightarrow \text{PGCD}(a;b) = 1$
- $\text{PGCD}(a;b) \mid \text{PPCM}(a;b)$
- $\text{PGCD}(a;b) = \text{PGCD}\left[a + b; \text{PPCM}(a;b)\right]$

Nombres premiers entre eux

- Deux nombres entiers relatifs a et b non nuls sont dits premiers entre eux lorsque l'on a: $\text{PGCD}(a;b) = 1$
- Deux nombres premiers entre eux n'ont qu'un seul diviseur commun dans $\mathbb{N}$, c'est 1 et deux dans $\mathbb{Z}$, -1 et 1.
- Une fraction est irréductible lorsque son numérateur et son dénominateur sont premiers entre eux.
- Théorème de BÉZOUT: Deux entiers a et b ($\neq 0$) sont 1ers entre eux ssi il existe u et v dans $\mathbb{Z}$ tq: $au + bv = 1$
- Théorème de GAUSS: si $a \mid bc$ et si $\text{PGCD}(a;b) = 1$ alors $a \mid c$ avec a, b et c des entiers relatifs non nuls.
- Le Théorème de GAUSS sert en particulier à résoudre les équations diophantiennes (c'est-à-dire dans $\mathbb{Z}$).

Nombres premiers

- Un entier naturel est premier s'il n'admet exactement que deux diviseurs: 1 et lui-même ; donc 1 ne l'est pas.
- L'entier naturel 1 n'est pas premier puisqu'il n'admet qu'un seul diviseur.
- Les 100 premiers sont: 2, 3, 5, 7, 11, 13, 17, 19, 23, 29, 31, 37, 41, 43, 47, 53, 59, 61, 67, 71, 73, 79, 83, 89, 97.
- Tout entier naturel se décompose en produit de facteurs premiers.
- Nombre de diviseurs naturels: si un entier n a pour décomposition en produit de facteurs premiers $n = p_1^{\alpha_1} \times p_2^{\alpha_2} \times \cdots \times p_k^{\alpha_k}$, alors le nombre de diviseurs entiers naturels de n est $(\alpha_1 + 1)(\alpha_2 + 1)\cdots(\alpha_k + 1)$
- Décomposition, PGCD et PPCM: Soit a et b deux entiers naturels supérieurs ou égaux à 2, se décomposant sous la forme $a = p_1^{\alpha_1} \times p_2^{\alpha_2} \times \cdots \times p_k^{\alpha_k}$ et $b = p_1^{\beta_1} \times p_2^{\beta_2} \times \cdots \times p_k^{\beta_k}$ où $p_1, p_2, \cdots, p_k$ sont des nombres premiers, $\alpha_1, \alpha_2, \cdots, \alpha_k$ et $\beta_1, \beta_2, \cdots, \beta_k$ des entiers naturels. Pour i entre 1 et k on pose $\delta_i = \text{minimum}(\alpha_i;\beta_i)$ et $\gamma_i = \text{maximum}(\alpha_i;\beta_i)$, alors $\text{PGCD}(a;b) = p_1^{\delta_1} \times p_2^{\delta_2} \times \cdots \times p_k^{\delta_k}$ et $\text{PPCM}(a;b) = p_1^{\gamma_1} \times p_2^{\gamma_2} \times \cdots \times p_k^{\gamma_k}$

Arithmétique dans $\mathbb{Z}$

1/ Divisibilité dans $\mathbb{Z}$

Définition:
Soit a et b deux entiers relatifs. S'il existe un entier relatif k tel que $b = k\times a$ on dit que "b est un multiple de a", que "a est un diviseur de b", que "b est divisible par a" ou que "a divise b" que l'on peut noter $a \mid b$ avec $|a|\leq|b|$

Exemple:
De l'égalité $54 = 9\times 6$ on déduit que 54 est un multiple de 9, 54 est un multiple de 6, 9 est un diviseur de 54, 6 est un diviseur de 54, 9 divise 54 et 6 divise 54, on peut donc écrire $9 \mid 54$ et $6 \mid 54$ puisque $|9|\leq|54|$ et $|6|\leq|54|$

Remarques:
- L'ensemble des multiples de 3 est l'ensemble des nombres de la forme 3×k avec $k\in\mathbb{Z}^*$, parfois noté $3\mathbb{Z}$
- Un multiple de n est un entier relatif $b\in\mathbb{Z}$ tel que $b = n\times k$ avec $k\in\mathbb{Z}$
  Un diviseur de n est un entier relatif $b\in\mathbb{Z}$ tel que $n = b\times k$ avec $k\in\mathbb{Z}$
- Si $a\in\mathbb{Z}\setminus\{0\}$, il est possible d'écrire que "a est un multiple de a", ou que "a divise a", c'est-à-dire $\boxed{a \mid a}$

Propriétés:

$\boxed{\text{si } a \mid b \text{ alors } b = k\times a \text{ avec } k\in\mathbb{Z}^*}$ $\boxed{\text{si } a \mid b \text{ et } k\in\mathbb{Z}^* \text{ alors } a \mid kb}$ (si a|b alors a divise tout multiple de b)

$\boxed{a \mid b \text{ et } b \mid c \Rightarrow a \mid c}$ $\boxed{a \mid b \text{ et } b \mid a \Leftrightarrow a = b \text{ ou } a = -b}$ $\boxed{a \mid b \text{ et } a \mid c \Rightarrow a \mid b+c,\ a \mid b-c \text{ et } a \mid b\times c}$

01 Déterminer dans $\mathbb{Z}$ les entiers n tels que 7 divise $n+3$
- Il vient successivement: $7 \mid n+3 \Leftrightarrow n+3 = 7k$ avec $k\in\mathbb{Z}^* \Leftrightarrow n = 7k-3$ avec $k\in\mathbb{Z}^*$
- Ainsi, n appartient à l'ensemble des nombres de la forme 7k–3 avec $k\in\mathbb{Z}^*$. On note: $\boxed{n\in\{7k-3\,;k\in\mathbb{Z}^*\}}$

02 Déterminer dans $\mathbb{Z}$ les entiers n tels que $2n-5$ divise 6
- 6 est divisible par 1, 2, 3, et 6, donc les diviseurs de 6 dans $\mathbb{Z}$ sont: –6 , –3 , –2 , –1 , 1 , 2 , 3, 6. Par suite,
  $2n-5|6 \Leftrightarrow 2n-5=-6$ ou $2n-5=-3$ ou $2n-5=-2$ ou $2n-5=-1$ ou $2n-5=1$ ou $2n-5=2$ ou $2n-5=3$ ou $2n-5=6$
  $\Leftrightarrow 2n=-1$ ou $2n=2$ ou $2n=3$ ou $2n=4$ ou $2n=6$ ou $2n=7$ ou $2n=8$ ou $2n=11$
- Les équations $2n=-1$, $2n=3$, $2n=7$ et $2n=11$ n'ont pas de solution dans $\mathbb{Z}$, seules les autres équations admettent une solution entière, donc les entiers cherchés sont: 1 , 2 , 3 et 4 qu'on note: $\boxed{n\in\{1\,;2\,;3\,;4\}}$

03 Déterminer dans $\mathbb{Z}$ les entiers n tels que $2n-3$ divise $n+5$
- Posons $a = 2n-3$ et $b = n+5$
  Si $a \mid b$ alors $a \mid 2b$. De plus, $a \mid a$ donc $a \mid 2b-a$ soit $2n-3 \mid 2(n+5)-(2n-3)$ d'où $2n-3 \mid 13$
- Dans $\mathbb{Z}$, les diviseurs de 13 sont: –13 , –1 , 1 et 13 que l'on peut également noter $D(13)=\{\pm1;\pm13\}$, donc
  $2n-3|13 \Leftrightarrow 2n-3=-13$ ou $2n-3=-1$ ou $2n-3=1$ ou $2n-3=13$
  $\Leftrightarrow 2n=-10$ ou $2n=2$ ou $2n=4$ ou $2n=16$. Ces quatre équations admettent une solution dans $\mathbb{Z}$, donc les entiers cherchés sont –5 , 1 , 2 et 8 que l'on pourra noter: $\boxed{n\in\{-5\,;1\,;2\,;8\}}$

04 Soit $p\in\mathbb{Z}$, démontrer que: $2 \mid p(p^2-1)$ RmqPerso: Également divisible par 3, donc par 2×3=6
- On peut écrire $p(p^2-1) = p(p+1)(p-1)$. Or, p et $p+1$ sont deux entiers consécutifs, donc l'un des deux est pair, c'est-à-dire multiple de 2 et le produit $p(p+1)$ est multiple de 2. Par conséquent, $p(p+1)(p-1)$ est également un multiple de 2. Ainsi $p(p^2-1)$ est multiple de 2, donc 2 divise $p(p^2-1)$ et $\boxed{\forall p\in\mathbb{Z},\ 2 \mid p(p^2-1)}$

05 Soit $p\in\mathbb{Z}$, démontrer que: $3 \mid p(p^2-1)$ puis que: $3 \mid p(p+1)(2p+1)$
- On peut écrire $p(p^2-1) = p(p-1)(p+1)$ où $p-1$, p et $p+1$ sont trois entiers consécutifs, donc l'un d'eux est multiple de 3, ce qui fait que leur produit l'est également, et 3 divise $p(p^2-1)$ que l'on note $\boxed{3 \mid p(p^2-1)}$
- Calculons: $p(p^2-1)+p(p+1)(2p+1) = p(p+1)(p-1)+p(p+1)(2p+1) = p(p+1)\big((p-1)+(2p+1)\big) = p(p+1)(3p)$
- $p(p+1)(3p)$ est un multiple de 3, $p(p^2-1)$ également, donc le terme restant aussi et $\boxed{3 \mid p(p+1)(2p+1)}$

2/ Division euclidienne (dans $\mathbb{N}$ ou $\mathbb{Z}$)

Rappels: - Dans une division euclidienne, on a: dividende = diviseur × quotient + reste
- Le reste doit toujours être strictement inférieur au diviseur

dividende	diviseur
reste	quotient

Définition:

- Soit a un entier relatif et b un entier naturel non nul.
  Il existe un unique couple $(q;r)$ avec $q \in \mathbb{Z}$ et $r \in \mathbb{N}$, tel que: $\boxed{a = bq + r \text{ et } 0 \le r < b}$
  a est le dividende, b le diviseur, q le quotient et r le reste.
- On dit que l'unique couple $(q;r)$ est le résultat de la division euclidienne de a par b

a	b
r	q

Attention: Dans $\mathbb{N}$ et $\mathbb{Z}$, la division euclidienne ne peut pas être faite manuellement de la même façon:

Par exemple dans $\mathbb{N}$, on a $514 = 35 \times 14 + 24$ avec $24 < 35$, donc $(14;24)$ est le résultat de la division euclidienne de 514 par 35.

Alors que dans $\mathbb{Z}$, on a $-514 = 35 \times (-15) + 11$ avec $11 < 35$, donc $(-15;11)$ est le résultat de la division euclidienne de -514 par 35.

```
  5 1 4 | 3 5
- 3 5   |-----
  1 6 4 | 1 4
- 1 4 0 |
    2 4 |
```

06 Le reste de la division euclidienne de 557 par l'entier b est 89.
Déterminer les valeurs possibles du diviseur b et du quotient q.

- D'après la définition de la division euclidienne: $557 = bq + 89$ avec $89 < b$ d'où $557 - 89 = bq$ soit $bq = 468$
- Or, avec $b > 89$ il vient $q < 468/89$ soit $q < 5{,}3$ d'où $q \le 5$. Puisque $557 \in \mathbb{N}$, on doit avoir $(q;b) \in \mathbb{N} \times \mathbb{N}$
  si $q = 1$ alors $b = 468/q$ donne $b = 468$; si $q = 2$ alors $b = 468/q$ donne $b = 234 \in \mathbb{N}$
  si $q = 3$ alors $b = 468/q$ donne $b = 156$; si $q = 4$ alors $b = 468/q$ donne $b = 117$; si $q = 5$ alors $b \notin \mathbb{N}$
- Ainsi, les couples possibles de b et q sont: $\boxed{(q;b) \in \{(1;468);(2;234);(3;156);(4;117)\}}$

07 Montrer que: si n est un entier naturel impair, alors $n^2 - 1$ est divisible par 8.

- Puisque n est un entier naturel impaire, on peut l'écrire sous la forme $n = 2k + 1$ avec $k \in \mathbb{N}$. Dans ce cas on a:
  $n^2 - 1 = (n-1)(n+1) \Leftrightarrow n^2 - 1 = (2k+1-1)(2k+1+1) \Leftrightarrow n^2 - 1 = 2k(2k+2) \Leftrightarrow n^2 - 1 = 4k(k+1)$
- k et $k+1$ sont deux entiers consécutifs donc l'un d'eux est forcément pair, c'est-à-dire que le produit $k(k+1)$ est pair ; par conséquent on déduit que $4k(k+1)$ est divisible par 4×2 soit $8 \mid 4k(k+1) \Leftrightarrow 8 \mid n^2 - 1$
- Ainsi nous avons montré le résultat attendu, ce que l'on peut noter: $\boxed{\text{si } n = 2k+1 \text{ avec } k \in \mathbb{N} \text{ alors } 8 \mid n^2 - 1}$

08 Soit x un entier relatif tel que le reste de la division euclidienne de x par 7 est 2.
Quels sont les restes des divisions euclidiennes de x^2 par 7, puis de x^3 par 7 ?

- Si x est un entier relatif dont le reste de la division euclidienne par 7 est 2, alors on a: $x = 7q + 2$ avec $q \in \mathbb{Z}$.
  En élevant au carré il vient: $x^2 = (7q+2)^2 \Leftrightarrow x^2 = 49q^2 + 28q + 4 \Leftrightarrow x^2 = 7(7q^2 + 4q) + 4$
  on a $7q^2 + 4q \in \mathbb{Z}$, $4 \in \mathbb{N}$ et $4 < 7$, donc $x^2 = 7(7q^2 + 4q) + 4$ est la division euclidienne de x^2 par 7,
  et $\boxed{\text{le reste de la division euclidienne de } x^2 \text{ par 7 est 4}}$
- En posant $q' = 7q^2 + 4q$, toujours avec $q \in \mathbb{Z}$, il vient $q' \in \mathbb{Z}$ et on peut simplifier l'écriture: $x^2 = 7q' + 4$
  donc $x^3 = x^1 \cdot x^2 \Leftrightarrow x^3 = (7q+2) \cdot (7q'+4) \Leftrightarrow x^3 = 49qq' + 28q + 14q' + 8 \Leftrightarrow x^3 = 7(7qq' + 4q + 2q') + 8$
  Mais attention, puisque 8>7 ce qui précède n'est pas la division euclidienne de x^3 par 7, donc 8 n'est pas le reste de cette division. On doit alors écrire: $x^3 = 7(7qq' + 4q + 2q') + 7 + 1 \Leftrightarrow x^3 = 7(7qq' + 4q + 2q' + 1) + 1$
  on vérifie $7qq' + 4q + 2q' + 1 \in \mathbb{Z}$, $1 \in \mathbb{N}$ et $1 < 7$, donc $x^3 = 7(7qq' + 4q + 2q' + 1) + 1$ est la division euclidienne de x^3 par 7, et $\boxed{\text{le reste de la division euclidienne de } x^3 \text{ par 7 est 1}}$

09 Montrer que: tout entier relatif n non divisible par 5 a un carré de la forme 5k+1 ou 5k−1, $k \in \mathbb{Z}$

- Puisque n n'est pas divisible par 5 on peut écrire $n = 5q + r$ avec $r \ne 0$. Le reste r de la division euclidienne de n par 5 peut uniquement être 1, 2, 3, et 4. En distinguant les quatre cas de r on va raisonner par disjonctions.
- si $r=1 \Rightarrow n = 5q+1$, alors $n^2 = (5q+1)^2 = 25q^2 + 10q + 1 = 5(5q^2 + 2q) + 1 = 5k + 1$ en posant $k = 5q^2 + 2q$, $k \in \mathbb{Z}$
  si $r=2 \Rightarrow n = 5q+2$, alors $n^2 = (5q+2)^2 = 25q^2 + 20q + 4 = 5(5q^2 + 4q + 1) - 1 = 5k - 1$ avec $k = 5q^2 + 4q + 1$,
  si $r=3 \Rightarrow n = 5q+3$, alors $n^2 = (5q+3)^2 = 25q^2 + 30q + 9 = 5(5q^2 + 6q + 2) - 1 = 5k - 1$ avec $k = 5q^2 + 6q + 2$,
  si $r=4 \Rightarrow n = 5q+4$, alors $n^2 = (5q+4)^2 = 25q^2 + 40q + 16 = 5(5q^2 + 8q + 3) + 1 = 5k + 1$ avec $k = 5q^2 + 8q + 3$,
- Finalement nous avons montré que dans tous les cas $\boxed{\text{le carré de } n \in \mathbb{Z} \text{ est de la forme 5k+1 ou 5k−1 où } k \in \mathbb{Z}}$

3/ Congruences dans $\mathbb{Z}$

Définition:

- Soient n un entier naturel non nul, a et b deux entiers relatifs.
  On dit que "a et b sont congrus modulo n", ou bien que "a est congru à b modulo n",
  si les entiers relatifs a et b ont le même reste dans la division euclidienne par n.
- On écrit alors: $a \equiv b\ (n)$ ou $a \equiv b\ [n]$ ou $a \equiv b\ (\text{modulo } n)$ ou $a \equiv b\ (\text{mod } n)$ ou $a \equiv_n b$ suivant les livres ...

Exemple: Le reste de la division euclidienne de 25 par 11 est 3, de même
le reste de la division euclidienne de 14 par 11 est 3, on a donc: $25 \equiv 14\ (11)$

$$\begin{array}{r|l} 25 & 11 \\ \hline -22 & \\ 3 & 2 \end{array} \qquad\qquad \begin{array}{r|l} 14 & 11 \\ \hline -11 & \\ 3 & 1 \end{array}$$

Remarque:

- Dans l'exemple précédent, on a $25 = 11 \times 2 + 3$ et $14 = 11 \times 1 + 3$,
  mais on pourrait aussi écrire $3 = 11 \times 0 + 3$, donc $25 \equiv 3\ (11)$
- Interprétation: Si $a \equiv b\ (n)$ avec $0 \le b < n$, alors b est le reste de la division euclidienne de a par n.

Propriétés:

$n \mid a \Leftrightarrow a \equiv 0\ (n)$

$a \equiv b\ (n) \Leftrightarrow b \equiv a\ (n)$

$a \equiv b\ (n) \Leftrightarrow a - b \equiv 0\ (n) \Leftrightarrow n \mid a - b \Leftrightarrow n \mid b - a$

si $a \equiv b\ (n)$ alors $a = b + k \times n$ avec $k \in \mathbb{Z}$

si $a \equiv b\ (n)$ et si $b \equiv c\ (n)$ alors $a \equiv c\ (n)$

si $a \equiv b\ (n)$ et si $c \equiv d\ (n)$ alors : $a + c \equiv b + d\ (n)$, $a - c \equiv b - d\ (n)$, $a \times c \equiv b \times d\ (n)$

si $a \equiv b\ (n)$ et si $k \in \mathbb{Z} \setminus \{0\}$ alors : $a + k \equiv b + k\ (n)$, $a - k \equiv b - k\ (n)$, $a \times k \equiv b \times k\ (n)$

si $a \equiv b\ (n)$ et si $p \in \mathbb{N} \setminus \{0\}$ alors : $a^p \equiv b^p\ (n)$

$\forall n \in \mathbb{Z}^*,\ n \equiv 0\ (n)$

$\forall a \in \mathbb{N}^*, \forall n \in \mathbb{N}^*,\ a \equiv a\ (n)$

Attention:

La relation de congruence est compatible avec l'addition, la soustraction et la multiplication, mais pas avec la division. Par exemple, la relation de congruence $2x \equiv 2y\ (n)$ ne peut pas être simplifiée par 2.

10 Démontrer que: si $n \equiv 2\ (5)$ ou si $n \equiv 3\ (5)$ alors $n^2 + 1$ est un multiple de 5.

- Remarquons tout d'abord les équivalences: "n^2+1 est un multiple de 5" $\Leftrightarrow 5 \mid n^2 + 1 \Leftrightarrow n^2 + 1 \equiv 0\ (5)$
- Si $n \equiv 2\ (5)$ alors $n^2 \equiv 2^2\ (5)$ soit $n^2 \equiv 4\ (5)$ et $n^2 + 1 \equiv 4 + 1\ (5)$ d'où $n^2 + 1 \equiv 5 \equiv 0\ (5)$
  si $n \equiv 3\ (5)$ alors $n^2 \equiv 3^2\ (5)$ soit $n^2 \equiv 9\ (5)$ et $n^2 + 1 \equiv 9 + 1\ (5)$ donc $n^2 + 1 \equiv 10 \equiv 0\ (5)$
- Finalement, il apparaît que: si $n \equiv 2\ (5)$ ou si $n \equiv 3\ (5)$ alors $5 \mid n^2 + 1$ donc $n^2 + 1$ est multiple de 5

11 Démontrer que: pour tout entier naturel n, $6^n + 13^{n+1}$ est un multiple de 7.

Rmq: On cherche à montrer que $7 \mid 6^n + 13^{n+1}$
donc également que $6^n + 13^{n+1} \equiv 0\ (7)$

- On a $7 \equiv 0\ (7)$ et $14 \equiv 0\ (7)$
  donc $7 - 1 \equiv 0 - 1\ (7)$ et $14 - 1 \equiv 0 - 1\ (7)$
  soit $6 \equiv -1\ (7)$ et $13 \equiv -1\ (7)$
  par suite $6^n \equiv (-1)^n\ (7)$ et $13^{n+1} \equiv (-1)^{n+1}\ (7)$ sommons ces deux résultats,
  alors $6^n + 13^{n+1} \equiv (-1)^n + (-1)^{n+1}$ (modulo 7) si nous factorisons par $(-1)^n$, alors
  on peut écrire: $6^n + 13^{n+1} \equiv (-1)^n \left[1 + (-1)^1\right]$ (modulo 7)
  d'où $6^n + 13^{n+1} \equiv (-1)^n \left[\underbrace{1 - 1}_{=0}\right]$ (modulo 7)
- Finalement $6^n + 13^{n+1} \equiv 0\ (7) \Leftrightarrow 7 \mid 6^n + 13^{n+1},\ \forall n \in \mathbb{N}$

12 Démontrer l'équivalence: $\forall n \in \mathbb{N},\ 13 \mid n^3+3n-10 \iff n \equiv 3\ (13)$ ou $n \equiv 5\ (13)$

- Étudions les différents cas de congruence modulo 13:

si $n \equiv 0$ alors $n^3 \equiv 0$, $3n \equiv 0 \Rightarrow n^3+3n-10 \equiv 0+0-10$ soit $n^3+3n-10 \equiv -10 \equiv 3\ (13)$ $-10+13=3$

si $n \equiv 1$ alors $n^3 \equiv 1$, $3n \equiv 3 \Rightarrow n^3+3n-10 \equiv 1+3-10$ soit $n^3+3n-10 \equiv -6 \equiv 7\ (13)$ $-6+13=7$

si $n \equiv 2$ alors $n^3 \equiv 8$, $3n \equiv 6 \Rightarrow n^3+3n-10 \equiv 8+6-10$ soit $n^3+3n-10 \equiv 4\ (13)$

si $n \equiv 3$ alors $n^3 \equiv 27$, $3n \equiv 9 \Rightarrow n^3+3n-10 \equiv 27+9-10$ soit $n^3+3n-10 \equiv 26 \equiv 0\ (13)$ $26-2\times13=0$

si $n \equiv 4$ alors $n^3 \equiv 64$, $3n \equiv 12 \Rightarrow n^3+3n-10 \equiv 64+12-10$ soit $n^3+3n-10 \equiv 66 \equiv 1\ (13)$ $66-5\times13=1$

si $n \equiv 5$ alors $n^3 \equiv 125$, $3n \equiv 15 \Rightarrow n^3+3n-10 \equiv 125+15-10$ soit $n^3+3n-10 \equiv 130 \equiv 0\ (13)$ $130-10\times13=0$

si $n \equiv 6$ alors $n^3 \equiv 216$, $3n \equiv 18 \Rightarrow n^3+3n-10 \equiv 216+18-10$ soit $n^3+3n-10 \equiv 224 \equiv 3\ (13)$ $224-17\times13=3$

si $n \equiv 7$ alors $n^3 \equiv 343$, $3n \equiv 21 \Rightarrow n^3+3n-10 \equiv 343+21-10$ soit $n^3+3n-10 \equiv 354 \equiv 3\ (13)$ $354-27\times13=3$

si $n \equiv 8$ alors $n^3 \equiv 512$, $3n \equiv 24 \Rightarrow n^3+3n-10 \equiv 512+24-10$ soit $n^3+3n-10 \equiv 526 \equiv 6\ (13)$ $526-40\times13=6$

si $n \equiv 9$ alors $n^3 \equiv 729$, $3n \equiv 27 \Rightarrow n^3+3n-10 \equiv 729+27-10$ soit $n^3+3n-10 \equiv 746 \equiv 3\ (13)$ $746-57\times13=5$

si $n \equiv 10$ alors $n^3 \equiv 1000$, $3n \equiv 30 \Rightarrow n^3+3n-10 \equiv 1020$ soit $n^3+3n-10 \equiv 6\ (13)$ $1020-78\times13=6$

si $n \equiv 11$ alors $n^3 \equiv 1331$, $3n \equiv 33 \Rightarrow n^3+3n-10 \equiv 1354$ soit $n^3+3n-10 \equiv 2\ (13)$ $1354-104\times13=2$

si $n \equiv 12$ alors $n^3 \equiv 1728$, $3n \equiv 36 \Rightarrow n^3+3n-10 \equiv 1754$ soit $n^3+3n-10 \equiv 12\ (13)$ $1754-134\times13=12$

- De cette étude, il apparaît que $n^3+3n-10$ est divisible par 13 si, et seulement si, $n \equiv 3\ (13)$ ou $n \equiv 5\ (13)$, ce qui pourra s'écrire mathématiquement: $\boxed{\forall n \in \mathbb{N},\ 13 \mid n^3+3n-10 \iff n \equiv 3\ (13) \text{ ou } n \equiv 5\ (13)}$

13 1/ Démontrer que: $8^5 \equiv -1\ (11)$ puis que $8^{10n} \equiv 1\ (11)$ pour tout entier naturel n.

2/ En déduire que: $8^{2002}+2$ est divisible par 11.

1/ Approche lourde:

On a $11 \equiv 0\ (11) \iff 11-3 \equiv -3\ (11) \Rightarrow 8 \equiv -3\ (11)$

de plus, $8^2 \equiv 9 \equiv -2\ (11)$; $8^3 \equiv -27 \equiv -5\ (11)$;

$8^4 \equiv 81 \equiv 4 \equiv -7\ (11)$ et $8^5 \equiv 32768 \equiv 10 \equiv -1\ (11)$

Nous avons donc démontré que: $\boxed{8^5 \equiv -1\ (11)}$

Approche efficace:

$8^1 \equiv (-3)^1 \equiv -3\ (11)$; $8^2 \equiv (-3)^2 \equiv 9 \equiv -2\ (11)$

$8^3 \equiv 8^2 \times 8^1 \equiv (-2)\times(-3) \equiv 6 \equiv -5\ (11)$

$8^4 \equiv 8^2 \times 8^2 \equiv (-2)\times(-2) \equiv 4 \equiv -7\ (11)$

$8^5 \equiv 8^3 \times 8^2 \equiv (-5)\times(-2) \equiv 10 \equiv -1\ (11)$

Ce dernier résultat est intéressant, car on peut en déduire: $(8^5)^2 \equiv (-1)^2 \equiv 1\ (11)$ donc $8^{10} \equiv 1\ (11)$

Ainsi, pour tout entier naturel n, on a: $(8^{10})^n \equiv (1)^n\ (11)$ soit $8^{10n} \equiv 1\ (11)$ donc $\boxed{8^{10n} \equiv 1\ (11),\ \forall n \in \mathbb{N}}$

2/ On a $2002 = 10\times200+2$ donc $8^{2002} = 8^{10\times200+2}$ par suite $8^{2002} = 8^{10\times200}\times8^2$

Dans le cas particulier où $n = 200$, le résultat $8^{10n} \equiv 1\ (11)$ donne $8^{10\times200} \equiv 1\ (11)$.

Et, comme $8^2 \equiv -2\ (11)$ il vient $8^{2002} \equiv 8^{10\times200}\times8^2 \equiv (1)\times(-2)$ (modulo 11) soit $8^{2002} \equiv -2\ (11)$

Ainsi, on tire $8^{2002}+2 \equiv 0\ (11)$ soit $\boxed{11 \mid 8^{2002}+2}$

14 Donner, suivant les valeurs de l'entier naturel n, les restes de la division euclidienne de 2^n par 5.

- On a: $2^0 \equiv 1\ (5)$, $2^1 \equiv 2\ (5)$, $2^2 \equiv 4\ (5)$, $2^3 \equiv 8 \equiv 3\ (5)$, $2^4 \equiv 16 \equiv 1\ (5)$, $2^5 \equiv 2\ (5)$, $2^6 \equiv 4\ (5)$, $2^7 \equiv 3\ (5)$ on pourrait prolonger ces résultats en utilisant la Ti92 avec la commande mod(2^n,5) en faisant varier l'entier n. Il semble alors que les restes se reproduisent de façon identique suivant un cycle de 4, on dit que la suite des restes des 2^n est périodique de période 4. Raisonnons alors en étudiant les ≠ cas de congruence de n modulo 4.
- si $n \equiv 0\ (4)$ alors $n = 4k$ où $k \in \mathbb{N}$ donc $2^n = 2^{4k} = (2^4)^k = 16^k$ or $16 \equiv 1\ (5)$ donc $16^k \equiv 1\ (5) \Rightarrow 2^n \equiv 1\ (5)$

si $n \equiv 1\ (4)$ alors $n = 4k+1$ donc $2^n = 2^{4k+1} = 2^{4k}\times2^1 = 16^k\times2$ or $16^k \equiv 1\ (5)$ et $2 \equiv 2\ (5) \Rightarrow 2^n \equiv 1\times2 \equiv 2\ (5)$

si $n \equiv 2\ (4)$ alors $n = 4k+2$ donc $2^n = 2^{4k+2} = 16^k\times2^2$ or $16^k \equiv 1\ (5)$ et $2^2 \equiv 4\ (5) \Rightarrow 2^n \equiv 1\times4 \equiv 4\ (5)$

si $n \equiv 3\ (4)$ alors $n = 4k+3$ donc $2^n = 2^{4k+3} = 16^k\times2^3$ or $16^k \equiv 1\ (5)$ et $2^3 \equiv 3\ (5) \Rightarrow 2^n \equiv 1\times3 \equiv 3\ (5)$

<u>Rmq</u>: 1, 2, 4 et 3 étant positifs et strictement inférieurs à 5, ils correspondent aux restes de 2^n dans la ÷ par 5

- Ainsi,

si $n \equiv 0\ (4)$ alors le reste de la division euclidienne de 2^n par 5 est 1
si $n \equiv 1\ (4)$ alors le reste de la division euclidienne de 2^n par 5 est 2
si $n \equiv 2\ (4)$ alors le reste de la division euclidienne de 2^n par 5 est 4
si $n \equiv 3\ (4)$ alors le reste de la division euclidienne de 2^n par 5 est 3

<u>Ti92</u>: mod(2^n,5) | n=seq(k,k,0,20)

15 Résoudre dans $\mathbb{Z}$ la relation de congruence $8x \equiv 7\ (5)$ où l'inconnue est x avec $x \in \mathbb{Z}$.

- On peut écrire $8x \equiv 8x\ (5)$. Or, puisque $x \in \mathbb{Z}$, on a $5x$ qui est un multiple de 5, donc $5x \equiv 0\ (5)$.
  Par suite, on peut écrire les équivalences: $8x \equiv 8x\ (5) \Leftrightarrow 8x \equiv 8x - 5x\ (5) \Leftrightarrow 8x \equiv 3x\ (5)$
- De même, partant de $7 \equiv 7\ (5)$, on peut écrire $7 \equiv 7 - 5\ (5)$ soit $7 \equiv 2\ (5)$
- Autrement dit, la relation de congruence $8x \equiv 7\ (5)$ est équivalente à $3x \equiv 2\ (5)$
  Remarque: on pouvait aussi écrire directement: $8x \equiv 7\ (5) \Leftrightarrow 3x \equiv 2\ (5)$
- Maintenant, dressons la table de congruence des multiplications modulo 5:

x	0	1	2	3	**4**
3x	3×0=0 0<5 0	3×1=3 3<5 3	3×2=6 6−5=1 1	3×3=9 9−5=4 4	3×4=12 12−5×2=2 **2**

- De ce tableau, il apparaît que lorsque $3x \equiv 2\ (5)$ on a $x \equiv 4\ (5)$, c'est-à-dire $x - 4 \equiv 0\ (5)$ donc $5 \mid x - 4$
- Pour finir, $5 \mid x - 4$ implique qu'il existe un entier $k \in \mathbb{Z}$ tel que: $x - 4 = 5k \Rightarrow$ $\boxed{x = 5k + 4,\ k \in \mathbb{Z}}$

16 Résoudre dans $\mathbb{Z}$ la relation de congruence suivante: $11x \equiv 8\ (6)$

- Il vient successivement:
  $11x \equiv 8\ (6) \Leftrightarrow 11x - 6x \equiv 8 - 6\ (6) \Leftrightarrow 5x \equiv 2\ (6)$
- Dressons la table de congruence des multiplications modulo 6:

x	0	1	2	3	**4**	5
5x	5×0=0 0<6 0	5×1=5 5<6 5	5×2=10 10−6=4 4	5×3=15 15−2×6=3 3	5×4=20 20−6×3=2 **2**	5×5=25 25−6×4=1 1

- Par suite, $5x \equiv 2\ (6) \Leftrightarrow x \equiv 4\ (6) \Leftrightarrow x - 4 \equiv 0\ (6) \Leftrightarrow 6 \mid x - 4 \Rightarrow x - 4 = 6k \Rightarrow$ $\boxed{x = 6k + 4,\ k \in \mathbb{Z}}$

17 Déterminer l'ensemble des entiers naturels n pour lesquels le nombre $2^n - 5$ est divisible par 9.

- On obtient successivement les équivalences suivantes:

$9 \equiv 0\ (9)$ (pour démarrer avec qq chose) $\Leftrightarrow$ $8 \equiv -1\ (9)$ (faire apparaître un 8, donc un 2^3) $\Leftrightarrow$ $2^3 \equiv -1\ (9)$ (posons $k \in \mathbb{N}$) $\Leftrightarrow$ $2^{3k} \equiv (-1)^k\ (9)$ (faire apparaître les puissances) $\Leftrightarrow$ $\left(2^{3k}\right)^2 \equiv \left((-1)^k\right)^2\ (9)$ (évacuer le problème du signe – alternatif)

$2^{6k} \equiv 1\ (9)$ $\Leftrightarrow$ $2^{6k+1} \equiv 2\ (9)$ (tout multiplier par 2) $\Leftrightarrow$ $2^{6k+2} \equiv 4\ (9)$ (encore multiplier par 2) $\Leftrightarrow$ $2^{6k+3} \equiv 8\ (9)$ (encore et tjs × par 2)

$\Leftrightarrow$ $2^{6k+4} \equiv 16 \equiv 7\ (9)$ (etc ...) $\Leftrightarrow$ $2^{6k+5} \equiv 32 \equiv 5\ (9)$ (on y arrive ...) $\Leftrightarrow$ $2^{6k+5} - 5 \equiv 0\ (9)$ (c'est fini !)

- Finalement, nous avons obtenu: $\boxed{2^n - 5 \text{ est divisible par 9 pour tout entier n de la forme } n = 6k + 5 \text{ avec } k \in \mathbb{N}}$

18 Résoudre dans $\mathbb{N}$ le système: $\begin{cases} 17\,085 \equiv 12\ (p) \\ 5\,399 \equiv 2\ (p) \end{cases}$

- On obtient successivement les équivalences suivantes:
  $\begin{cases} 17\,085 \equiv 12\ (p) \\ 5\,399 \equiv 2\ (p) \end{cases} \Leftrightarrow \begin{cases} 17\,085 - 12 \equiv 0\ (p) \\ 5\,399 - 2 \equiv 0\ (p) \end{cases} \Leftrightarrow \begin{cases} 17\,073 \equiv 0\ (p) \\ 5\,397 \equiv 0\ (p) \end{cases} \Leftrightarrow \begin{cases} p \mid 17\,073 \\ p \mid 5\,397 \end{cases}$
  donc p est un diviseur commun à 17073 et 5397, c'est-à-dire également un diviseur de leur PGCD.
- Or, on a PGCD(17 073 ; 5 397) = 21 [obtenu directement à la Ti92]
  et l'ensemble des diviseurs dans $\mathbb{N}$ de 21 est: $D(21) = \{1\,;3\,;7\,;21\}$
  finalement, il apparaît que: $\boxed{p \in \{1\,;3\,;7\,;21\}}$

4/ PGCD: Plus Grand Commun Diviseur

Rappels de 3ème:

- On obtient le PGCD en utilisant la méthode des divisions euclidiennes successives (algorithme d'Euclide), le PGCD est alors le dernier reste non nul. Le PGCD permet notamment de simplifier une fraction. Le PPCM permet entre autre d'obtenir le plus petit dénominateur possible entre les dénominateurs de deux fractions.
- Entre le PGCD et le PPCM, nous avons l'égalité: $\boxed{\text{PGCD}(a,b) \times \text{PPCM}(a,b) = a \times b}$ (a et b entiers naturels)

---

19 Simplifier la fraction: $\dfrac{3\,596}{3\,393}$

- Par divisions euclidiennes successives, il vient:

$$\begin{array}{r|l} 3596 & 3393 \\ \hline -3393 & 1 \\ 203 & \end{array} \qquad \begin{array}{r|l} 3393 & 203 \\ \hline -203 & 16 \\ 1363 & \\ -1218 & \\ 145 & \end{array} \qquad \begin{array}{r|l} 203 & 145 \\ \hline -145 & 1 \\ 58 & \end{array}$$

$$\begin{array}{r|l} 145 & 58 \\ \hline -116 & 2 \\ 29 & \end{array} \qquad \begin{array}{r|l} 58 & 29 \\ \hline -58 & 2 \\ 0 & \end{array}$$

Le PGCD est le dernier reste non nul, soit:

$\text{PGCD}(3\,596\,;3\,393) = 29$

$$\begin{array}{r|l} 3596 & 29 \\ \hline -29 & 124 \\ 69 & \\ -58 & \\ 116 & \\ -116 & \\ 0 & \end{array} \qquad \begin{array}{r|l} 3393 & 29 \\ \hline -29 & 117 \\ 49 & \\ -29 & \\ 203 & \\ -203 & \\ 0 & \end{array}$$

donc $\dfrac{3\,596}{3\,393} = \dfrac{124 \times \cancel{29}}{117 \times \cancel{29}}$

ainsi $\boxed{\dfrac{3\,596}{3\,393} = \dfrac{124}{117}}$

---

20 Calculer: $\dfrac{1}{3\,596} + \dfrac{1}{3\,393}$

- Le plus petit multiple qui soit commun aux deux dénominateurs est leur PPCM, soit à calculer:

$$\text{PPCM}(3\,596\,;3\,393) = \frac{3\,596 \times 3\,393}{\text{PGCD}(3\,596\,;3\,393)} = \frac{3\,596 \times 29 \times 117}{\text{PGCD}(3\,596\,;3\,393)} = \frac{3\,596 \times \cancel{29} \times 117}{\cancel{29}} = 420\,732$$

- Ainsi, $\dfrac{1}{3\,596} + \dfrac{1}{3\,393} = \dfrac{117}{3\,596 \times 117} + \dfrac{124}{3\,393 \times 124} = \dfrac{117+124}{420\,732} = \dfrac{241}{420\,732}$ donc $\boxed{\dfrac{1}{3\,596} + \dfrac{1}{3\,393} = \dfrac{241}{420\,732}}$

Définition: *Plus Grand Commun Diviseur*

- Soient a et b deux entiers naturels non nuls.
  Un entier naturel qui divise a et qui divise b est appelé un diviseur commun à a et à b.
- L'ensemble des diviseurs communs à a et à b possède un plus grand élément, on le note PGCD(a;b)

Propriétés:

Soient a et b deux entiers naturels non nuls, on a alors les propriétés suivantes:

$\boxed{\text{PGCD}(a\,;b) \le a}$ $\boxed{\text{PGCD}(a\,;b) \le b}$ $\boxed{\text{PGCD}(a\,;b) = \text{PGCD}(b\,;a)}$ $\boxed{\text{PGCD}(a\,;b) \mid a}$ $\boxed{\text{PGCD}(a\,;b) \mid b}$

$\boxed{\text{Si } b \mid a \text{ alors } \text{PGCD}(a;b) = b. \text{ En particulier, } \text{PGCD}(a;a) = a \text{ et } \text{PGCD}(a;1) = 1}$ $\boxed{\text{PGCD}(a\,;0) = a}$

---

21 Déterminer le PGCD de 48 et 18.

- L'ensemble des diviseurs de 48 dans $\mathbb{N}$ est: $D(48) = \{1\,;2\,;3\,;4\,;6\,;8\,;12\,;16;24\,;48\}$
  l'ensemble des diviseurs de 18 dans $\mathbb{N}$ est: $D(18) = \{1\,;2\,;3\,;6\,;9\,;18\}$
- Ainsi, il apparaît que le plus grand diviseur qui soit à commun à 48 et à 18 est 6, donc $\boxed{\text{PGCD}(48\,;18) = 6}$

Propriétés: *Algorithme d'Euclide*

- Soient a et b deux entiers naturels non nuls.
  Soient q et r le quotient et le reste de la division euclidienne de a par b (on a donc a=bq+r)
  Alors, si $r=0$ on a $PGCD(a;b)=b$ et si $r \neq 0$ on a $PGCD(a;b)=PGCD(b;r)$ avec $r=a-bq$

$$\begin{array}{c|c} a & b \\ \hline r & q \end{array}$$

- L'ensemble des diviseurs communs à a et à b est l'ensemble des diviseurs de leur PGCD, ce qui peut s'exprimer également en écrivant que deux entiers naturels (≠0) a et b sont des multiples de leur PGCD(a;b)
- Pour tout entier naturel k non nul, on a: $PGCD(ka;kb)=k\times PGCD(a;b)$

22 Soit $n\in\mathbb{N}$, déterminer suivant les valeurs de n le PGCD de $3n+4$ et de $n+1$

- En effectuant une division polynomiale, il apparaît que: $3n+4=(n+1)\times 3+1$
- si $n\neq 0$, on a: $PGCD(3n+4;n+1)=PGCD(n+1;1)=1$
  si $n=0$, on a: $PGCD(3n+4;n+1)=PGCD(4;1)=1$
- Finalement, il apparaît que dans tous les cas: $PGCD(3n+4;n+1)=1,\ \forall n\in\mathbb{N}$

$$\begin{array}{r|l} 3n+4 & n+1 \\ \cline{2-2} -3n-3 & 3 \\ \hline 1 & \end{array}$$

23 Soit $n\in\mathbb{N}$, déterminer suivant les valeurs de n le PGCD de n^2+5n+7 et de $n+1$

- En effectuant une division polynomiale, il apparaît que: $n^2+5n+7=(n+1)\times(n+4)+3$
- On a $PGCD(n^2+5n+7;n+1)=PGCD(n+1;3)$. Les diviseurs de 3 sont: $D(3)=\{1;3\}$
- si $n+1$ est divisible par 3, càd $n+1\equiv 0\ (3) \Leftrightarrow n\equiv 2\ (3)$ on aura: $PGCD(n+1;3)=3$
  si $n+1$ n'est pas divisible par 3, càd $n\equiv 0\ (3)$ ou $n\equiv 1\ (3)$ on aura: $PGCD(n+1;3)=1$
- Finalement, il apparaît que: $PGCD(n^2+5n+7;n+1)=3$ si $n\equiv 2\ (3),\ \forall n\in\mathbb{N}$
  $PGCD(n^2+5n+7;n+1)=1$ si $n\equiv 0\ (3)$ ou $n\equiv 1\ (3)$
- RmqPerso: Les conditions $n\equiv 0\ (3)$ et $n\equiv 1\ (3)$ sont déduites de $n\equiv 2\ (3)$ [c'est le complément].

$$\begin{array}{r|l} n^2+5n+7 & n+1 \\ \cline{2-2} -n^2-n & n+4 \\ \hline 4n+7 & \\ -4n-4 & \\ \hline 3 & \end{array}$$

24 Déterminer dans $\mathbb{N}$ l'ensemble des diviseurs communs à 656 et 312.

- On a PGCD(656;312)=8 (obtenu directement à la calculatrice, ou alors par divisions euclidiennes successives), or l'ensemble des diviseurs communs à 656 et 312 est l'ensemble des diviseurs de leur PGCD, c'est-à-dire l'ensemble des diviseurs de 8 qui est dans $\mathbb{N}$: D(8)={1;2;4;8}
- Ainsi, l'ensemble des diviseurs communs à 656 et 312 est: {1;2;4;8}

25 Déterminer tous les couples (a;b) d'entiers naturels (≠0) tels que $PGCD(a;b)=14$ et $a\times b=2940$

- On sait que a et b sont des multiples de leur PGCD, on peut donc écrire $a=14\times k_1$ et $b=14\times k_2$ où $(k_1,k_2)\in\mathbb{N}^2$
  Par suite, il vient successivement: $a\times b=2940 \Leftrightarrow 14k_1\times 14k_2=2940 \Leftrightarrow k_1k_2=2940/14^2 \Leftrightarrow k_1k_2=15$
- Dans $\mathbb{N}$, l'ensemble des diviseurs de 15 est: $D(15)=\{1;3;5;15\}$, on en déduit alors que $(k_1;k_2)$ est l'un des couples (1 ; 15) , (3 ; 5) , (5 ; 3) ou (15 ; 1). Avec $a=14\times k_1$ et $b=14\times k_2$, il apparaît à présent que les couples (a;b) solutions sont: (14;210) , (42;70) , (70;42) et (210;14) ♦ Rmq: k_1 et k_2 1ers entre eux
- RmqPerso: On a vérifié (à la calculatrice) que pour chacun de ces couples (a;b) on a bien $PGCD(a;b)=14$

26 Déterminer tous les couples (a;b) d'entiers naturels (≠0) tels que $PGCD(a;b)=56$ et $a+b=224$

- On sait que a et b sont des multiples de leur PGCD, on peut donc écrire $a=56\times k_1$ et $b=56\times k_2$ où $(k_1,k_2)\in\mathbb{N}^2$
  Par suite, il vient successivement: $a+b=224 \Leftrightarrow 56k_1+56k_2=224 \Leftrightarrow k_1+k_2=224/56 \Leftrightarrow k_1+k_2=4$
- Les nombres k_1 et k_2 étant des entiers naturels non nuls, on en déduit que $(k_1;k_2)$ est l'un des couples suivants: (1;3) , (2;2) ou (3;1). Avec $a=56\times k_1$ et $b=56\times k_2$, il vient que (a;b) peut-être l'un des couples: (56;168) , (112;112) ou (168;56). Le couple (112;112) ne convient pas, donc les solutions sont: (56;168) et (168;56)
- RmqPerso: C'est en vérifiant (à la Ti92) si PGCD(a;b)=56 que l'on a rejeté le couple (112;112) des solutions.

5/ PPCM: Plus Petit Commun Multiple

Définition: *Plus Petit Commun Multiple*

- Soient a et b deux entiers naturels non nuls.
  Un entier naturel qui multiplie a et qui multiplie b est appelé un multiple commun à a et à b.
- L'ensemble des multiples (>0) communs à a et à b possède un plus petit élément, on le note PPCM(a;b)

Propriétés:

Soient a et b deux entiers naturels non nuls, on a alors les propriétés suivantes:

$\boxed{PPCM(a;b)=PPCM(b;a)}$ $\boxed{\text{Si } a\mid b \text{ (donc si b est un multiple de a) alors } PPCM(a;b)=b}$

27 Déterminer le PPCM de 15 et 24, puis de 8 et 12 et enfin de 5 et 15.

- L'ensemble des multiples de 15 dans $\mathbb{N}$ est: $M(15)=\{15;30;45;60;75;90;105;120;135;\cdots\}$
  l'ensemble des multiples de 24 dans $\mathbb{N}$ est: $M(24)=\{24;48;72;96;120;144;\cdots\}$
  Ainsi, il apparaît que le plus petit multiple qui soit commun à 15 et 24 est 120, donc $\boxed{PPCM(15;24)=120}$
- L'ensemble des multiples de 8 dans $\mathbb{N}$ est: $M(8)=\{8;16;24;32;40;48;\cdots\}$
  l'ensemble des multiples de 12 dans $\mathbb{N}$ est: $M(12)=\{12;24;36;48;\cdots\}$
  Ainsi, il apparaît que le plus petit multiple qui soit commun à 8 et 12 est 24, donc $\boxed{PPCM(8;12)=24}$
- Nous savons que $15=5\times3$ donc $5\mid15$ (autrement dit 15 est un multiple de 5),donc $\boxed{PPCM(5;15)=15}$

Propriétés:

Soient a, b et k des entiers naturels non nuls.

- L'ensemble des multiples communs à a et à b est l'ensemble des multiples de leur PPCM, ce qui peut s'exprimer également en écrivant que deux entiers naturels (≠0) a et b sont des diviseurs de leur PPCM(a;b)
- Nous admettrons également les quatre relations suivantes:

$\boxed{PPCM(ka;kb)=k\times PPCM(a;b)}$ $\boxed{PGCD(a;b)\times PPCM(a;b)=|a\times b|}$

$\boxed{PGCD(a;b) \text{ divise } PPCM(a;b)}$ $\boxed{PGCD(a;b)=PGCD[a+b;PPCM(a;b)]}$

- Si a et b sont deux nombres premiers entre eux, nous avons $PGCD(a;b)=1$ qui donne $PPCM(a;b)=a\times b$

28 Déterminer le PGCD de (1716;56) ; en déduire leur PPCM. Même chose avec le couple (853;212).

- En utilisant l'algorithme d'Euclide (divisions euclidiennes successives), il vient:
  $1716=56\times30+36$, $56=36\times1+20$, $36=20\times1+16$, $20=16\times1+4$, $16=4\times4+0$ $\Rightarrow$ $\boxed{PGCD(1716;56)=4}$
  Ainsi, en utilisant la relation entre le PGCD et le PPCM il vient: $\boxed{PPCM(1716;56)=1716\times56/4=24024}$
- En utilisant l'algorithme d'Euclide (divisions euclidiennes successives), il vient:
  $853=212\times4+5$, $212=5\times42+2$, $5=2\times2+1$, $2=2\times1+0$, le dernier reste ≠ 0 donne: $\boxed{PGCD(853;212)=1}$
  Ainsi, les nombres 853 et 212 sont premiers entre eux, par suite: $\boxed{PPCM(853;212)=853\times212=180836}$

29 Déterminer le PPCM des couples suivants, si $n\in\mathbb{N}^*$: $(15n;12n)$, $(2n;2n+1)$, $(5n+7;2n+3)$

- La propriété PPCM(ka;kb)=k.PPCM(a,b) donne ici PPCM(15n;12n)=PPCM(5×3n;4×3n)=3n×PPCM(5;4). De plus 5 et 4 sont 1er entre eux (pas de ÷ commun autre que 1 ds $\mathbb{N}$) ⇒ PPCM(5;4)=5×4 soit $\boxed{PPCM(15n;12n)=60n}$
- (2n) et (2n+1) sont des entiers consécutifs, ils sont donc 1er entre eux et on a $\boxed{PPCM(2n;2n+1)=2n\times(2n+1)}$
- En effectuant des divisions polynomiales successives puis en utilisant l'algorithme d'Euclide, il vient:
  $(5n+7)=(2n+3)\times2+(n+1)$ (L1)
  $(2n+3)=(n+1)\times2+1$ (L2)
  Puisque le dernier reste non nul vaut 1, on en déduit que ces deux nombres sont premiers entre eux, c'est-à-dire que leur PGCD vaut 1, ce qui entraine:
  $\boxed{PPCM(5n+7;2n+3)=(5n+7)\times(2n+3)}$

- RmqPerso:
  Pour montrer que (5n+7) et (2n+3) sont premiers entre eux, on peut utiliser le théorème de Bézout, càd au+bv=1, associé ici à la division polynomiale:
  (L2) $\Rightarrow (2n+3)-2\times(n+1)=1$
  (L1) $\Rightarrow (n+1)=(5n+7)-2\times(2n+3)$
  $\Rightarrow (2n+3)-2\times[(5n+7)-2\times(2n+3)]=1$
  $\Leftrightarrow \underbrace{(5n+7)}_{a}\times\underbrace{(-2)}_{u}+\underbrace{(2n+3)}_{b}\times\underbrace{(5)}_{v}=1$

30 Déterminer tous les entiers naturels non nuls n tels que $PPCM(n;26) = 78$

- Nous savons que deux entiers naturels non nuls (soit ici n et 26) sont des diviseurs de leur PPCM ; donc n (mais aussi 26) sont des diviseurs de 78. Or, les diviseurs de 78 sont: $D(78) = \{1;2;3;6;13;26;39;78\}$
- Nous pouvons donc tester chacun des couples suivants (à la Ti92 pour gagner du temps ...)

$PPCM(1;26) = 26$ $PPCM(2;26) = 26$ $PPCM(3;26) = 78$ $PPCM(6;26) = 78$

$PPCM(13;26) = 26$ $PPCM(26;26) = 26$ $PPCM(39;26) = 78$ $PPCM(78;26) = 78$

- Finalement, il apparaît que: $\boxed{PPCM(n;26) = 78 \iff n \in \{3;6;39;78\}}$

31 Déterminer l'ensemble des couples (a;b) de $\mathbb{N}^2$ tels que $PGCD(a;b) = 15$ et $PPCM(a;b) = 180$

- Nous avons vu dans le chapitre sur le PGCD la propriété suivante: deux entiers naturels non nuls a et b sont des multiples de leur PGCD(a;b), ici on peut donc écrire: $a=15\times k_1$ et $b=15\times k_2$ avec $(k_1;k_2) \in \mathbb{N}^2$. Pour être plus précis encore, k_1 et k_2 doivent être premiers entre eux (càd pas de ÷commun autre que 1 dans $\mathbb{N}$).
- Ainsi, il vient successivement:

$$PGCD(a;b) \times PPCM(a;b) = a \times b \iff 15 \times 180 = 15k_1 \times 15k_2 \iff \cancel{15} \times 180 = \cancel{15}k_1 \times 15k_2 \iff k_1 \times k_2 = 12$$

- Par suite, k_1 et k_2 doivent être des diviseurs de 12 (mais également premiers entre eux) càd des éléments de l'ensemble $D(12) = \{1;2;3;4;6;12\}$. Les couples d'entiers $(k_1;k_2)$ tels que $k_1k_2=12$ sont donc:

$(1;12)$ $(2;6)$ $(3;4)$ $(4;3)$ $(6;2)$ $(12;1)$

Puisque 2 et 6 ne sont pas 1er entre eux (ils ont 2 en plus de 1 comme diviseur commun), les couples sont:

$(1;12)$ $(3;4)$ $(4;3)$ $(12;1)$

- Avec les égalités $a=15\times k_1$ et $b=15\times k_2$, il apparaît finalement que les couples (a;b) solutions sont:

$$\boxed{(a;b) \in \{(15;180);(45;60);(60;45);(180;15)\}}$$

- <u>RmqPerso</u>: Pour comprendre pourquoi k_1 et k_2 doivent être premiers entre eux, on peut vérifier à la Ti92:
  Avec $(k_1;k_2)=(1;12)$ on obtient $(a;b)=(15;180)$ qui donne $PGCD(15;180)=15$ et $PPCM(15;180)=180 \Rightarrow$ OK
  Avec $(k_1;k_2)=(2;6)$ on obtient $(a;b)=(30;90)$ qui donne $PGCD(30;90)=30$ et $PPCM(30;90)=90 \Rightarrow$!!
  Avec $(k_1;k_2)=(3;4)$ on obtient $(a;b)=(45;60)$ qui donne $PGCD(45;60)=15$ et $PPCM(45;60)=180 \Rightarrow$ OK

32 Déterminer deux entiers naturels non nuls a et b tels que: $a \times b = 1344$ et $PPCM(a;b) = 168$

- Puisque $PGCD(a;b) \times PPCM(a;b) = a \times b$, on a $PGCD(a;b) = a \times b / PPCM(a;b)$ soit $PGCD(a;b) = 1344/168 = 8$
- Nous avons vu dans le chapitre sur le PGCD la propriété suivante: deux entiers naturels non nuls a et b sont des multiples de leur PGCD(a;b), ici on peut donc écrire: $a=8\times k_1$ et $b=8\times k_2$ avec $(k_1;k_2) \in \mathbb{N}^2$. Pour être plus précis encore, k_1 et k_2 doivent être premiers entre eux (càd pas de diviseur commun autre que 1 ds $\mathbb{N}$).
- Ainsi, il vient successivement:

$$PGCD(a;b) \times PPCM(a;b) = a \times b \iff 8 \times 168 = 8k_1 \times 8k_2 \iff \cancel{8} \times 168 = \cancel{8}k_1 \times 8k_2 \iff k_1 \times k_2 = 21$$

- Par suite, k_1 et k_2 doivent être des diviseurs de 21 (mais également premiers entre eux) c'est-à-dire des éléments de l'ensemble $D(21) = \{1;3;7;21\}$. Les couples d'entiers $(k_1;k_2)$ tels que $k_1k_2=21$ sont donc:

$(1;21)$ $(3;7)$ $(7;3)$ $(21;1)$ couples de nombres 1er entre eux

- Avec les égalités $a=8\times k_1$ et $b=8\times k_2$, il apparaît finalement que les couples (a;b) solutions sont:

$$\boxed{(a;b) \in \{(8;168);(24;56);(56;24);(168;8)\}}$$

33 Déterminer deux entiers naturels non nuls a et b tels que: $a + b = 27$ et $PPCM(a;b) = 60$

- La relation $PGCD(a;b) = PGCD[a+b;PPCM(a;b)]$ donne $PGCD(a;b) = PGCD[27;60]$ soit $PGCD(a;b) = 3$
- La relation $a \times b = PGCD(a;b) \times PPCM(a;b)$ donne $a \times b = 3 \times 60$ donc $a \times b = 180$ ↑ Ti92
- Ainsi, il vient successivement: $\begin{cases} a+b = 27 \\ PPCM(a;b) = 60 \end{cases} \iff \begin{cases} a+b = 27 \\ a \times b = 180 \end{cases} \iff$ a et b sont les racines de : $x^2 - 27x + 180 = 0$
- Finalement, on pourra noter: $\{a;b\} = \{12;15\}$ ou $\boxed{(a;b) \in \{(12;15);(15;12)\}}$ ↑ Cours trinôme

6/ Nombres premiers entre eux

Définition: Deux entiers relatifs a et b non nuls sont dits premiers entre eux lorsque: $\text{PGCD}(a;b)=1$

Interprétation: Deux nombres premiers entre eux n'ont donc qu'un seul diviseur commun dans $\mathbb{N}$, c'est 1.

Remarque: Dans $\mathbb{Z}$, deux nombres premiers entre eux ont deux diviseurs communs, qui sont -1 et $+1$.

Exemple: Considérons les deux nombres suivants: 14 et 15. Alors, on a $14=2\times7$ et $15=3\times5$
Ainsi, dans $\mathbb{N}$, les diviseurs de 14 sont: $D(14)=\{1;2;7;14\}$
De même, les diviseurs de 15 sont: $D(15)=\{1;3;5;15\}$
Par conséquent, il apparaît que le seul diviseur qui soit commun à 14 et à 15 est 1, on dit alors que ces deux nombres sont premiers entre eux (la précision "entre eux" est très importante).

Remarque: Une fraction est irréductible lorsque son numérateur et son dénominateur sont premiers entre eux. Par exemple 14/15 est une fraction irréductible alors que 28/30 ne l'est pas (divisible par 2).

34 Démontrer, en utilisant la définition, que si $n\in\mathbb{N}^*$ alors les nombres n et $2n+1$ sont premiers entre eux.

- On calcule successivement le PGCD de n et $2n+1$ au moyen de l'algorithme d'Euclide, il vient alors:
$\text{PGCD}(2n+1;n)=\text{PGCD}(\underset{\text{le plus petit des deux nbrs}}{n};\underset{\text{soustraction des deux nbrs}}{n+1})=\text{PGCD}(\underset{\text{le plus petit des deux nbrs}}{n};\underset{\text{soustraction des deux nbrs}}{1})=1\Rightarrow$ n et 2n+1 sont 1ers entre eux
- RmqPerso: On utilise ici la propriété du cours: $\text{PGCD}(a;b)=\text{PGCD}(b;r)$ avec $r=a-bq$ et $q=1$

35 Démontrer, en utilisant la définition, que si $n\in\mathbb{N}^*$ alors les nombres 8n+3 et 3n+1 sont premiers entre eux.

- On calcule successivement le PGCD des deux nombres au moyen de l'algorithme d'Euclide, il vient alors:
$\text{PGCD}(8n+3;3n+1)=\text{PGCD}(\underset{\text{le plus petit des deux nbrs}}{3n+1};\underset{\text{soustraction des deux nbrs}}{5n+2})=\text{PGCD}(\underset{\text{le plus petit des deux nbrs}}{3n+1};\underset{\text{soustraction des deux nbrs}}{2n+1})=\text{PGCD}(\underset{\text{le plus petit des deux nbrs}}{2n+1};\underset{\text{soustraction des deux nbrs}}{n})=1$
- Le calcul ainsi effectué permet d'affirmer, d'après la définition, que: $8n+3$ et $3n+1$ sont premiers entre eux

Théorème de BÉZOUT:
Deux entiers a et b ($\neq0$) sont 1ers entre eux si, et seulement si, il existe des entiers u et v tels que: $au+bv=1$

36 Démontrer, en utilisant le théorème de BÉZOUT, que si $n\in\mathbb{N}^*$ alors $2n+1$ et n sont premiers entre eux.

- RmqPerso: La méthode consiste à poser les deux nombres a et b puis à supprimer n par combinaisons linéaires.
- On peut écrire successivement:

$$\begin{cases}(L1): & a=2n+1\\(L2): & b=n\end{cases}\Leftrightarrow\begin{cases}(L1): & a=2n+1\\2\times(L2): & 2b=2n\end{cases}\Rightarrow a-2b=(\cancel{2n}+1)-\cancel{2n}\Leftrightarrow a-2b=1$$

- Ainsi, puisque $\underbrace{1}_{u}\times(\underbrace{2n+1}_{a})+(\underbrace{-2}_{v})\times\underbrace{n}_{b}=1$ le théorème de BÉZOUT démontre que: 2n+1 et n sont 1ers entre eux

37 Démontrer, en utilisant le théorème de BÉZOUT, que si $n\in\mathbb{N}^*$ alors $8n+3$ et $3n+1$ sont premiers entre eux.

- On peut écrire successivement:

$$\begin{cases}(L1): & a=8n+3\\(L2): & b=3n+1\end{cases}\Leftrightarrow\begin{cases}3\times(L1): & 3a=3\times8n+9\\8\times(L2): & 8b=8\times3n+8\end{cases}\Rightarrow 3a-8b=9-8\Rightarrow 3a-8b=1$$

- Ainsi, puisque $\underbrace{3}_{u}\times(\underbrace{8n+3}_{a})+(\underbrace{-8}_{v})\times(\underbrace{3n+1}_{b})=1$, le th. de BÉZOUT donne: $8n+3$ et $3n+1$ sont 1ers entre eux

38 Démontrer, de deux façons différentes, que les nombres 812 et 451 sont premiers entre eux.

- Méthode 1/2: En utilisant la définition
$\text{PGCD}(812;451)=\text{PGCD}(451;361)=\text{PGCD}(361;90)=\text{PGCD}(90;271)=\text{PGCD}(90;181)=\text{PGCD}(90;91)=\text{PGCD}(90;1)=1$
- Méthode 2/2: En utilisant le théorème de BÉZOUT
On écrit les égalités déduites de divisions euclidiennes successives, puis on remonte les $\neq$ étapes de calculs.

	avec ces égalités, on peut écrire:	
$812=451\times1+361$ (L1)	(L3) $\Rightarrow$ $1=361-90\times4$	$\Rightarrow 1=(\underbrace{812-451}_{361})-(\underbrace{451-\overbrace{[812-451]}^{361}}_{90})\times4$
$451=361\times1+90$ (L2)	avec (L2) $\Rightarrow$ $90=451-361$	Factoriser $\Rightarrow 1=\underbrace{812}_{a}\times\underbrace{5}_{u}+\underbrace{451}_{b}\times\underbrace{(-9)}_{v}$ **CQFD**
$361=90\times4+1$ (L3)	et (L1) $\Rightarrow$ $361=812-451$	

39 Démontrer, de deux façons différentes, que si $n \in \mathbb{N}^*$ alors $5n+7$ et $2n+3$ sont 1ers entre eux.

- RmqPerso: On reprend ici partiellement l'exercice **29** de cette fiche de cours sur l'arithmétique.

- En utilisant la définition:
  En effectuant des divisions polynomiales successives puis en remontant les calculs, on obtient:
  $(5n+7) = (2n+3)\times 2 + (n+1)$ (L1)
  $(2n+3) = (n+1)\times 2 + 1$ (L2)
- Puisque le dernier reste non nul vaut 1, on en déduit que le PGCD de ces deux nombres vaut 1, c'est-à-dire qu'ils sont premiers entre eux.

- En utilisant le théorème de BÉZOUT:
  Pour montrer que (5n+7) et (2n+3) sont premiers entre eux, on peut utiliser le théorème de Bézout associé ici à la division euclidienne polynomiale:
  (L2) $\Rightarrow (2n+3) - 2\times(n+1) = 1$
  (L1) $\Rightarrow (n+1) = (5n+7) - 2\times(2n+3)$
  $\Rightarrow (2n+3) - 2\times[(5n+7) - 2\times(2n+3)] = 1$
  $\Leftrightarrow \underbrace{(5n+7)}_{a}\times\underbrace{(-2)}_{u} + \underbrace{(2n+3)}_{b}\times\underbrace{(5)}_{v} = 1$

- RmqPerso: Pour la méthode avec le th. de BÉZOUT, on peut évidemment effectuer des combinaisons linéaires.

$$\begin{cases} a = 5n+7 & (L1) \\ b = 2n+3 & (L2) \end{cases} \Leftrightarrow \begin{cases} 2a = 2\times 5n + 14 & (L1)\times 2 \\ 5b = 5\times 2n + 15 & (L2)\times 5 \end{cases} \Rightarrow 5b - 2a = 1 \Leftrightarrow \underbrace{(5)}_{v}\times\underbrace{(2n+3)}_{b} + \underbrace{(-2)}_{u}\times\underbrace{(5n+7)}_{a} = 1$$

Théorème de GAUSS:

Soient a et b deux entiers relatifs non nuls et c un entier relatif. Si a divise bc et si a est premier avec b alors a divise c.

si $a \mid bc$ et si $PGCD(a;b) = 1$ alors $a \mid c$

Remarque: Le th. de GAUSS est particulièrement intéressant pour résoudre les équations diophantiennes.

Culture:
- Carl Friedrich GAUSS: mathématicien, physicien et astronome allemand. Né en 1777 et † en 1855
- Une équation diophantienne est une équation qui se rapporte aux nombres entiers (donc de $\mathbb{Z}$).
- La plus célèbre des équations diophantiennes est celle de Pierre de FERMAT (1601-1665): $x^n+y^n=z^n$. Pour n>2, il n'existe pas de solutions entières à cette équation, autre que le triplet (0;0;0). Il aura fallu attendre 1994, c'est-à-dire plus de trois siècles, pour que la conjecture émise par FERMAT soit (enfin) démontrée par le mathématicien anglais Andrew WILES.

40 Déterminer tous les entiers relatifs x et y tels que: $12x = 7y$

- On sait que $12 \mid 12x$ donc l'égalité donne $12 \mid 7y$. De plus, les diviseurs de 12 sont $D(12) = \{1;2;3;4;6;12\}$ et ceux de 7 sont $D(7) = \{1;7\}$. Comme 12 et 7 n'ont pas de diviseur commun autre que 1 ils sont 1ers entre eux.
- Le théorème de GAUSS s'écrit: $12 \mid 7y$ et $PGCD(12;7) = 1$ donne $12 \mid y$ qui s'écrit aussi $y = 12k$ où $k \in \mathbb{Z}$
- Ainsi, en reprenant l'égalité de départ avec ce dernier résultat, il vient successivement:

$$\begin{cases} 12x = 7y \\ y = 12k \end{cases} \Leftrightarrow \cancel{12}x = 7\times\cancel{12}k \Leftrightarrow x = 7k.$$ Ensemble des solutions: $(x;y) \in \{(7k;12k); k \in \mathbb{Z}\}$

41 Déterminer tous les entiers relatifs x et y tels que: $11x - 24y = 0$

- On sait que $11 \mid 11x$, donc l'égalité donne $11 \mid 24y$. Or, $PGCD(11;24) = 1$, donc 11 et 24 sont 1ers entre eux.
- Le théorème de GAUSS s'écrit: $11 \mid 24y$ et $PGCD(11;24) = 1$ donne $11 \mid y$ qui s'écrit aussi $y = 11k$ où $k \in \mathbb{Z}$
- Ainsi, en reprenant l'égalité de départ avec ce dernier résultat, il vient successivement:

$$\begin{cases} 11x = 24y \\ y = 11k \end{cases} \Leftrightarrow \cancel{11}x = 24\times\cancel{11}k \Leftrightarrow x = 24k.$$ Ensemble solution: $(x;y) \in \{(24k;11k); k \in \mathbb{Z}\}$

42 Déterminer tous les entiers relatifs x et y tels que: $125x + 35y = 0$

- On commence par simplifier l'égalité proposée: $125x + 35y = 0 \Leftrightarrow \cancel{5}\times 25x = -\cancel{5}\times 7y \Leftrightarrow 25x = -7y$
- On sait que $25 \mid 25x$, donc l'égalité donne $25 \mid +7y$. Or, $PGCD(25;7) = 1$, donc 25 et 7 sont 1ers entre eux.
- RmqPerso: Tout écrire positif pour la divisibilité et le PGCD, le signe – sera récupéré ensuite.
- Le théorème de GAUSS s'écrit: $25 \mid 7y$ et $PGCD(25;7) = 1$ donne $25 \mid y$ qui s'écrit aussi $y = 25k$ où $k \in \mathbb{Z}$
- Ainsi, en reprenant l'égalité de départ avec ce dernier résultat, il vient successivement:

$$\begin{cases} 25x = -7y \\ y = 25k \end{cases} \Leftrightarrow \cancel{25}x = -7\times\cancel{25}k \Leftrightarrow x = -7k.$$ Ensemble solution: $(x;y) \in \{(-7k;25k); k \in \mathbb{Z}\}$

7/ Nombres premiers

Définition: Un entier naturel est premier s'il n'admet exactement que deux diviseurs distincts: 1 et lui-même.

Conséquence: L'entier naturel 1 n'est pas premier puisqu'il n'admet qu'un seul diviseur.

Exemples: 2 - 3 - 5 - 7 - 11 - 13 - 17 - 19 - 23 - 29 - 31 - 37 - 41 - 43 - 47 sont des nombres premiers.

Propriété: Tout entier naturel se décompose en produit de facteurs premiers. Par exemple: $15 = 3 \times 5$

Culture: Pour établir la liste des nombres premiers inférieurs à 100, le mathématicien grec Ératosthène de Cyrène (IIIe siècle avant J.-C.) propose la méthode suivante, appelée **crible d'Ératosthène**.

- ♦ On écrit les nombres de 1 à 100, on raye 1.
- ♦ On raye les multiples de 2, excepté 2.
- ♦ On raye les multiples de 3, excepté 3.
- ♦ On raye les multiples de 5, excepté 5.
- ♦ On raye les multiples de 7, excepté 7.

Les entiers non rayés constituent la liste des nombres premiers inférieurs à 100.

~~1~~	2	3	~~4~~	5	~~6~~	7	~~8~~	~~9~~	~~10~~
11	~~12~~	13	~~14~~	~~15~~	~~16~~	17	~~18~~	19	~~20~~
~~21~~	~~22~~	23	~~24~~	~~25~~	~~26~~	~~27~~	~~28~~	29	~~30~~
31	~~32~~	~~33~~	~~34~~	~~35~~	~~36~~	37	~~38~~	~~39~~	~~40~~
41	~~42~~	43	~~44~~	~~45~~	~~46~~	47	~~48~~	~~49~~	~~50~~
~~51~~	~~52~~	53	~~54~~	~~55~~	~~56~~	~~57~~	~~58~~	59	~~60~~
61	~~62~~	~~63~~	~~64~~	~~65~~	~~66~~	67	~~68~~	~~69~~	~~70~~
71	~~72~~	73	~~74~~	~~75~~	~~76~~	~~77~~	~~78~~	79	~~80~~
~~81~~	~~82~~	83	~~84~~	~~85~~	~~86~~	~~87~~	~~88~~	89	~~90~~
~~91~~	~~92~~	~~93~~	~~94~~	~~95~~	~~96~~	97	~~98~~	~~99~~	~~100~~

Méthode: Pour savoir si un entier naturel n est premier, on teste sa divisibilité par tous les nombres premiers inférieurs dont le carré est inférieur à n. Si aucun de ces nombres premiers ne divise n, alors n est premier, sinon n n'est pas premier.

Exemple: Le nombre 1069 est-il premier ? On commence par calculer $\sqrt{1069} \approx 32{,}7$ puis par encadrer $(31^2 = 961) \leq 1069 \leq (37^2 = 1369)$. Ensuite, on teste la divisibilité de 1069 par tous les nombres premiers p jusqu'à 31, soit $p \in \{2;3;5;7;11;13;17;19;23;29;31\}$.
Aucun de ces nombres premiers ne divise 1069, donc le nombre 1069 est premier.

43 Soit $f(n) = n^2 + n + 41$, définie pour tout $n \in \mathbb{N}$

1/ Au moyen d'une calculatrice ou d'un ordinateur, montrer que pour $1 \leq n \leq 20$, f(n) est un nombre premier.

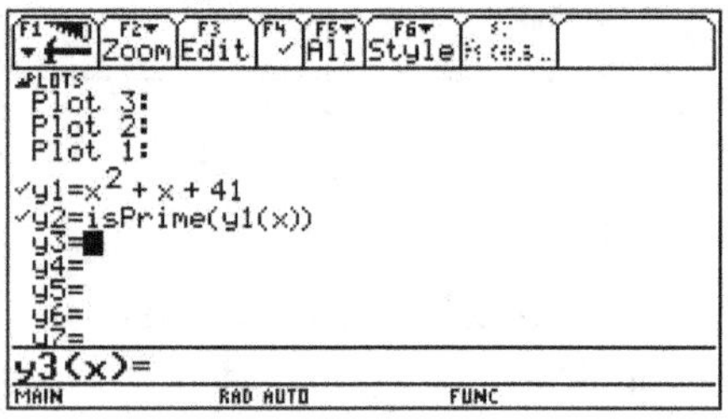

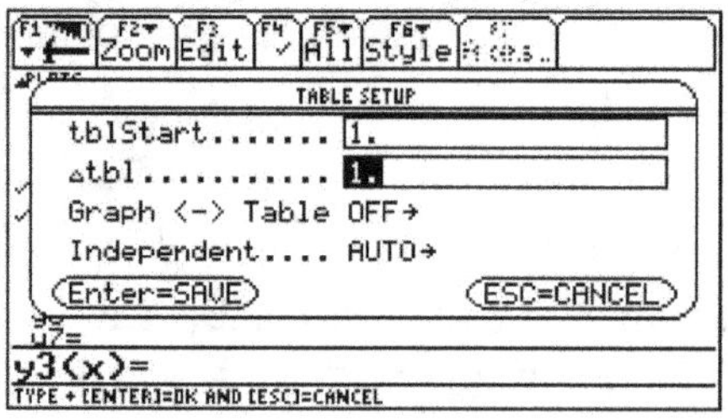

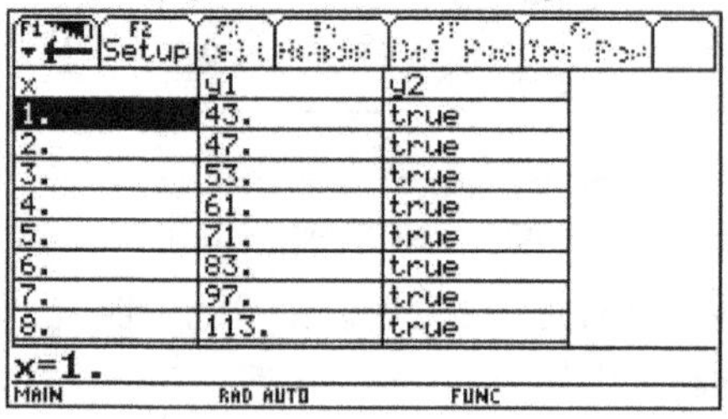

2/ Est-il possible que f(n) soit un nombre 1er pour tout n ? Non car il existe dans $\mathbb{N}$ une ∞ de nombres premiers.

3/ A partir de quelle valeur de n la fonction f(n) ne donne-t-elle plus un nombre premier ? A partir de n=40.

44 Les nombres de FERMAT sont les nombres de la forme $F_n = 2^{2^n} + 1$ avec $n \in \mathbb{N}$. Pierre de FERMAT (1601-1665) avait conjecturé que les nombres F_n étaient tous premiers. Que peut-on penser de cette conjecture ?

- ♦ A la Ti92, il est immédiat que F_0 à F_4 sont premiers, mais pas F_5. La conjecture de FERMAT est donc fausse.

45 Décomposer en produit de facteurs premiers les entiers 1260 et 508950.

- ♦ A la Ti92, on utilise directement: factor(1260) $\Rightarrow 2^2 \times 3^2 \times 5 \times 7$ et factor(508950) $\Rightarrow 2 \times 3^3 \times 5^2 \times 13 \times 29$

Propriété: *Nombre de diviseurs naturels*

Si un entier n a pour décomposition en produit de facteurs premiers $n = p_1^{\alpha_1} \times p_2^{\alpha_2} \times \cdots \times p_k^{\alpha_k}$,
alors le nombre de diviseurs naturels (c'est-à-dire dans $\mathbb{N}$) de n est: $(\alpha_1 + 1)(\alpha_2 + 1)\cdots(\alpha_k + 1)$

Exemple:

La décomposition de 200 en produit de facteurs premiers est: $200 = 2^3 \times 5^2$
Ceci permet de dire que le nombre de diviseurs naturels (c'est-à-dire dans $\mathbb{N}$) de n est: $(3+1)(2+1) = 12$
En effet, les diviseurs de 200 dans $\mathbb{N}$ sont: $D(200) = \{1;2;4;5;8;10;20;25;40;50;100;200\}$ soit 12 au total.

46 Combien le nombre 504 admet-il de diviseurs dans $\mathbb{N}$? Les donner tous. Et dans $\mathbb{Z}$?

- On a $504 = 2^3 \times 3^2 \times 7$ donc $(3+1)(2+1)(1+1) = 24$ donne au total 24 diviseurs dans $\mathbb{N}$ et le double dans $\mathbb{Z}$.
- Les diviseurs dans $\mathbb{N}$: $D(504) = \{1;2;3;4;6;7;8;9;12;14;18;21;24;28;36;42;56;63;72;84;126;168;252;504\}$

Propriété: *Décomposition, PGCD et PPCM*

Soit a et b deux entiers naturels supérieurs ou égaux à 2, se décomposant sous la forme $a = p_1^{\alpha_1} \times p_2^{\alpha_2} \times \cdots \times p_k^{\alpha_k}$ et $b = p_1^{\beta_1} \times p_2^{\beta_2} \times \cdots \times p_k^{\beta_k}$ où $p_1, p_2, \cdots, p_k$ sont des nombres premiers, $\alpha_1, \alpha_2, \cdots, \alpha_k$ et $\beta_1, \beta_2, \cdots, \beta_k$ des entiers naturels éventuellement nuls. Pour chaque valeur de i entre 1 et k on pose $\delta_i = \text{minimum}(\alpha_i;\beta_i)$ et $\gamma_i = \text{maximum}(\alpha_i;\beta_i)$, alors $\text{PGCD}(a;b) = p_1^{\delta_1} \times p_2^{\delta_2} \times \cdots \times p_k^{\delta_k}$ et $\text{PPCM}(a;b) = p_1^{\gamma_1} \times p_2^{\gamma_2} \times \cdots \times p_k^{\gamma_k}$

Exemple:

Soit à calculer le PGCD et le PPCM de 1500 et 4725 par la méthode de décomposition en facteurs premiers.
On a d'une part $1500 = 2^2 \times 3 \times 5^3$ qui s'écrit $1500 = 2^2 \times 3^1 \times 5^3 \times 7^0$
et d'autre part $4725 = 3^3 \times 5^2 \times 7$ soit aussi $4725 = 2^0 \times 3^3 \times 5^2 \times 7^1$
On a alors $\text{PGCD}(1500;4725) = 2^0 \times 3^1 \times 5^2 \times 7^0$ donc $\text{PGCD}(1500;4725) = 75$
et $\text{PPCM}(1500;4725) = 2^2 \times 3^3 \times 5^3 \times 7^1$ soit $\text{PPCM}(1500;4725) = 94500$

47 En utilisant la décomposition en facteurs premiers, déterminer le PGCD et le PPCM de 414 et 888.

- On a $414 = 2 \times 3^2 \times 23$ que l'on peut noter $414 = 2^1 \times 3^2 \times 23^1 \times 37^0$
  et $888 = 2^3 \times 3 \times 37$ qui s'écrit aussi $888 = 2^3 \times 3^1 \times 23^0 \times 37^1$
- On prend pour chaque facteur la puissance minimale, d'où: $\text{PGCD}(414;888) = 2^1 \times 3^1 \times 23^0 \times 37^0 = 6$
- On prend pour chaque facteur la puissance maximale, soit: $\text{PPCM}(414;888) = 2^3 \times 3^2 \times 23^1 \times 37^1 = 61272$

48 On note $N = 2n^2 + 7n + 6$. Pour quelles valeurs de l'entier naturel n, le nombre N est-il premier ?

- On reconnaît un trinôme de discriminant $\Delta = 1$ et de forme factorisée équivalente: $N = (n+2)(2n+3)$
- Ainsi, quelque soit $n \in \mathbb{N}$, on aura N qui sera divisible par $(n+2) \in \mathbb{N}$, donc N ne pourra jamais être premier.

49 Soit p un nombre premier strictement supérieur à 3. Démontrer que $p^2 + 11$ est divisible par 12.

- RmqPerso: La méthode consiste ici à travailler au brouillon en considérant l'énoncé vrai, à en déduire des résultats puis après avoir construit un raisonnement à rédiger la démarche en remontant les calculs.
- Brouillon: $12 \mid p^2 + 11 \Leftrightarrow 12 \mid p^2 + 12 - 1 \Rightarrow p^2 + 12 - 1 = 12 \times k$ avec $k \in \mathbb{Z}$
  donc $p^2 - 1 = 12 \times (k-1) \Leftrightarrow p^2 - 1 = 12 \times k'$ si $k' \in \mathbb{Z} \Leftrightarrow 12 \mid p^2 - 1 \Leftrightarrow 12 \mid (p-1)(p+1)$
- p étant un entier naturel premier strictement supérieur à 3, p n'est pas un nombre pair donc p est un nombre impair ce qui fait que p–1 et p+1 sont deux nombres pairs. On en déduit que (p–1)(p+1) est un multiple de 4
- D'autre part, les nombres p–1, p et p+1 étant trois entiers consécutifs, l'un des trois est forcément divisible par 3. Puisque p est premier et strictement supérieur à 3, p n'est pas divisible par 3.
  Par conséquent, il apparaît que c'est le produit (p–1)(p+1) qui est divisible par 3.
- Pour suite, les nombres 3 et 4 étant premiers entre eux, le théorème de GAUSS permet d'en déduire que le produit (p–1)(p+1) est divisible par 3×4=12.
- Ainsi, on obtient successivement:
  $12 \mid (p-1)(p+1) \Leftrightarrow 12 \mid p^2 - 1 \Leftrightarrow p^2 - 1 = 12 \times k'$ si $k' \in \mathbb{Z} \Leftrightarrow p^2 - 1 = 12 \times (k-1)$ avec $k \in \mathbb{Z}$
  $\Leftrightarrow 12 \mid p^2 + 12 - 1 \Leftrightarrow 12 \mid p^2 + 11$. Nous venons donc de démontrer que $p^2 + 11$ est divisible par 12.

Arithmétique dans $\mathbb{Z}$

Le lecteur doit commencer par maîtriser le contenu des deux fiches 06 FA1 et 06 FC1 afin de pouvoir s'approprier les résultats suivants dans de bonnes conditions.

- $\mathbb{Z}$ est un anneau principal. Les idéaux de $\mathbb{Z}$ sont de la forme $n\mathbb{Z}$ avec $n\in\mathbb{N}$. On peut aussi dire que l'idéal $|a|\mathbb{Z}+|b|\mathbb{Z}$ étant principal, il existe $d\in\mathbb{N}\backslash\{0\}$ tel que: $|a|\mathbb{Z} + |b|\mathbb{Z} = d\mathbb{Z}$, où on note $d = \text{PGCD}(a,b)$. De plus, puisque l'idéal $|a|\mathbb{Z} \cap |b|\mathbb{Z}$ est principal, il existe $m\in\mathbb{N}\backslash\{0\}$ tel que: $|a|\mathbb{Z} \cap |b|\mathbb{Z} = m\mathbb{Z}$, avec $m = \text{PPCM}(a,b)$.
- On note $\mathbb{Z}/n\mathbb{Z}$ l'ensemble des classes d'équivalence $\bar{a} = \text{cl}(a) = \{ b \in \mathbb{Z} \,;\, a \equiv b\,[n] \}$ [voir fiche 05 FC, exo 01]
- Pour $n\geq 2$, $\mathbb{Z}/n\mathbb{Z}$ muni des deux lois $\bar{a}+\bar{b}=\overline{a+b}$ et $\bar{a}\times\bar{b}=\overline{a\times b}$ est un anneau commutatif.
- Un élément $\bar{a}$ de $\mathbb{Z}/n\mathbb{Z}$ est inversible si, et seulement si, a et n sont premiers entre eux.
- Cas particulier: $\mathbb{Z}/n\mathbb{Z}$ est un corps si, et seulement si, n est premier.
- Soient $a,b,c\in\mathbb{Z}$ alors l'équation $ax+by=c$ possède des solutions $(x,y)\in\mathbb{Z}^2$ si, et seulement si, $\text{PGCD}(a,b) \mid c$
  Dans ce cas, les solutions sont les $(x,y)=(x_0+\alpha k, y_0+\beta k)$ avec x_0,α,y_0,β entiers relatifs fixés et k parcourant $\mathbb{Z}$.
- Théorème de BÉZOUT: deux entiers a et b ($\neq 0$) sont 1ers entre eux ssi il existe u et v dans $\mathbb{Z}$ tq: $\boxed{au+bv=1}$
- Théorème de GAUSS : $\boxed{\text{si } a \mid bc \text{ et si } \text{PGCD}(a;b)=1 \text{ alors } a \mid c}$ avec a, b et c des entiers relatifs non nuls.
- Théorème de WILSON : pour que p divise $(p-1)!+1$ il faut et il suffit que p soit un nombre premier.
- Indicatrice d'EULER : c'est le nombre $\varphi(n)$ d'entiers de $[\![1,n-1]\!]$ premiers avec n. Si n premier alors $\varphi(n)=n-1$
- Théorème d'EULER : si a et n sont premiers entre eux, avec $n\geq 2$, alors on a: $\boxed{a^{\varphi(n)} \equiv 1 \pmod n}$
- Théorème chinois : soit p et q des entiers premiers entre eux. Pour tous entiers a et b le système à deux équations $x \equiv a \pmod p$ et $x \equiv b \pmod q$ d'inconnue x admet des solutions entières.
- Petit th. de FERMAT : soit p un nombre premier. Pour tout entier relatif a nous avons: $\boxed{a^p \equiv a \pmod p}$
  Corollaire au petit théorème de FERMAT: si p ne divise pas a, alors: $\boxed{a^{p-1} \equiv 1 \pmod p}$

01 Montrer que l'entier N est divisible par 9 si, et seulement si, la somme de ses chiffres est divisible par 9.

- Remarquons pour commencer que si "N est divisible par 9" alors $9 \mid N$ noté également $N \equiv 0$ (modulo 9)
  Remarquons ensuite que $9 \equiv 0\ (9)$ donne $9+1 \equiv 1\ (9)$ soit $10 \equiv 1\ (9)$ donc $10^k \equiv 1^k \equiv 1\ (9)$ pour tout $k\in\mathbb{Z}$.
- Écrivons l'entier N en base 10. Soit $N \equiv \overline{a_k \cdots a_2 a_1 a_0}$ où a_0 est le chiffre des unités, a_1 celui des dizaines, etc ...
  Alors: $N = 10^k a_k + \cdots + 10^2 a_2 + 10^1 a_1 + 10^0 a_0$ donne $N \equiv 1^k a_k + \cdots + 1^2 a_2 + 1^1 a_1 + 1^0 a_0$ (modulo 9) soit encore $N \equiv a_k + \cdots + a_2 + a_1 + a_0$ (mod 9). Conclusion: $\boxed{N \equiv 0\ (9) \text{ si et seulement si } a_k + \cdots + a_2 + a_1 + a_0 \equiv 0 \text{ (modulo 9)}}$

02 Déterminer le reste de la division euclidienne de 2^{21} par 37.

- Écrivons l'exposant 21 en base 2, soit $21 = 2^k a_k + \cdots + 2^2 a_2 + 2^1 a_1 + 2^0 a_0$ où tous les a_i (pour $i \in [\![0,k]\!]$) sont les "chiffres" de la base 2, càd 0 ou 1. Nous obtenons alors $21 = 16+4+1$ (donc k=4, a_k=1, a_2=1, a_1=0 et a_0=1).
- Ensuite, calculons les différentes congruences modulo 37:

$2^1 = 2 \equiv 2\ (37)$

$2^4 = 16 \equiv 16\ (37)$

$2^{16} = 2^{4\times 4} = (2^4)^4 \equiv (16)^4\ [37] \equiv 65536\ (37) \equiv 9\ (37)$

Si nous regroupons ces différents résultats:

$2^{21} = 2^{16} \times 2^4 \times 2^1 \equiv 9\times 16 \times 2\ (37) \equiv 288\ (37) \equiv 29\ (37)$

- Calculs au brouillon:

```
   1 6
 × 1 6
 -----
   9 6
 1 6 .
 -----
 2 5 6

   1 8
 × 1 6
 -----
 1 0 8
 1 8 .
 -----
 2 8 8

         2 5 6
       × 2 5 6
       -------
       1 5 3 6
   1 2 8 0 .
   5 1 2 . .
   -----------
   6 5 5 3 6

   2 8 8 | 3 7
 - 2 5 9 |-----
 -------   7
     2 9

   6 5 5 3 6 | 3 7
 - 3 7       |---------
 -----         1 7 7 1
   2 8 5
 - 2 5 9
 -------
     2 6 3
   - 2 5 9
   -------
         4 6
       - 3 7
       -----
           9
```

- Conclusion: Nous venons ainsi de démontrer que $\boxed{\text{le reste de la division euclidienne de } 2^{21} \text{ par 37 est 29}}$.

03 Montrer que 7^n+1 est divisible par 8 si n est impair. Si n est pair, alors donner le reste de sa division par 8.

- [voir éventuellement l'exercice **11** de la fiche 06 FC1] Remarquons pour commencer les équivalences suivantes:

$$"7^n+1 \text{ est divisible par } 8" \Leftrightarrow 8 \mid 7^n+1 \Leftrightarrow 7^n+1 \equiv 0 \pmod 8 \Leftrightarrow 7^n \equiv -1 \pmod 8$$

- Nous avons $8 \equiv 0\ (8)$ donc $8-1 \equiv 0-1\ (8)$ soit $7 \equiv -1\ (8)$ donc $7^n \equiv (-1)^n\ [8]$ pour tout n dans $\mathbb{N}$.
  - → Si n est impair alors $(-1)^n = -1$ donc $7^n \equiv -1\ (8)$ et 7^n+1 est divisible par 8 qui est le résultat attendu.
  - → Si n est pair alors $(-1)^n = +1$ donc $7^n \equiv +1\ (8)$ et le reste de la division de 7^n+1 par 8 est 1+1=2.

04 Trouver le reste de la division euclidienne par 13 du nombre réel 100^{1000}. [calculatrices en erreur d'OverFlow]

- Remarquons que $100 \equiv 9\ (13)$ donc $100^{1000} \equiv 9^{1000}\ (13)$

  Puis, étudions les congruences de 9 modulo 13.

  Soit: $9 \equiv 9\ (13)$

  $9^2 = 81 \equiv 3\ (13)$

  $9^3 = 9^{2+1} = 9^2 \times 9^1 \equiv 3 \times 9\ (13) \equiv 27\ (13) \equiv 1\ (13)$

1 0 0	1 3
- 9 1	
9	7

8 1	1 3
- 7 8	
3	6

2 7	1 3
- 2 6	
1	2

- Ensuite, $100^{1000} \equiv 9^{1000}\ (13) \equiv 9^{3\times333+1}\ (13) \equiv (9^{3\times333}) \times (9^1)\ [13]$

  donc $100^{1000} \equiv (9^3)^{333} \times (9^1)\ [13] \equiv 1^{333} \times (9^1)\ [13] \equiv 9\ (13)$

- Conclusion: le reste de la division euclidienne de 100^{1000} par 13 est 9.

05 Montrer que le reste de la division euclidienne par 8 du carré de tout nombre impair est 1.

- Soit $k \in \mathbb{N}$ alors $n = 2k+1$ est impair et $n^2 = (2k+1)^2 = (2k)^2 + 2\times(2k) + 1^2 = 4k^2 + 4k + 1 = 4k(k+1) + 1$.

  Comme k et (k+1) sont deux entiers consécutifs, l'un d'eux est multiple de 2, donc 4k(4+1) est divisible par 8.

- Autrement dit, pour tout k dans $\mathbb{N}$ on a $4k(k+1) \equiv 0\ [8]$ donc $4k(k+1)+1 \equiv 1\ [8]$ et $n^2 \equiv 1 \pmod 8$

06 Montrer que tout nombre n pair vérifie $n^2 \equiv 0 \pmod 8$ ou $n^2 \equiv 4 \pmod 8$

- Soit $k \in \mathbb{N}$ alors $n = 2k$ est pair et $n^2 = (2k)^2 = 4k^2$
  - → Si k est pair alors k^2 l'est aussi et $4k^2$ est divisible par $4 \times 2 = 8$ donc $n^2 \equiv 0 \pmod 8$
  - → Si k est impair alors k^2 l'est aussi et $4k^2$ est divisible par 4, mais pas par 8, donc $n^2 \equiv 4 \pmod 8$

07 Soient a, b et c trois entiers impairs. Déterminer le reste modulo 8 de $(a^2+b^2+c^2)$

- Nous avons vu précédemment à l'exercice **05** que: $a^2 \equiv 1\ (8)$, $b^2 \equiv 1\ (8)$ et $c^2 \equiv 1\ (8)$

  Il est par conséquent immédiat que $(a^2+b^2+c^2) \equiv 1+1+1$ [modulo 8] soit $(a^2+b^2+c^2) \equiv 3$ [mod 8]

08 Soient a, b et c trois entiers impairs. Déterminer le reste modulo 8 de $(ab+bc+ca)$

- Nous avons vu précédemment à l'exercice **05** que: $a^2 \equiv 1\ (8)$, $b^2 \equiv 1\ (8)$ et $c^2 \equiv 1\ (8)$

  Il est par conséquent immédiat que $(ab+bc+ca) \equiv (1\times1+1\times1+1\times1)\ [8]$ soit $(ab+bc+ca) \equiv 3$ [mod 8]

09 Soient a, b et c trois entiers impairs. Montrer que $(a^2+b^2+c^2)$ n'est pas le carré d'un nombre entier.

- Raisonnons par l'absurde. Prenons comme hypothèse de départ qu'il existe un entier n tel que $a^2+b^2+c^2 = n^2$
- Comme $a^2+b^2+c^2 \equiv 3$ (modulo 8) [d'après l'exercice **07** traité précédemment] il apparaît que $n^2 \equiv 3\ (8)$. Or, nous avons vu à l'exercice **05** que si n est impair alors $n^2 \equiv 1\ (8)$ et à l'exercice **06** que si n est pair alors $n^2 \equiv 0\ (8)$ ou alors $n^2 \equiv 4\ (8)$, c'est-à-dire jamais $n^2 \equiv 3\ (8)$, donc l'hypothèse est fausse ainsi n n'existe pas.

10 Montrer que si n est un entier naturel somme de deux carrés d'entiers, alors le reste de la division euclidienne de n par 4 n'est jamais égal à 3.

- Préambule: → Si $p\in\mathbb{Z}$ est impair alors $p=2k+1$ où $k\in\mathbb{Z}$ donne $p^2=4k(k+1)+1$ donc $p^2\equiv1$ (modulo 4)
  → Si $p\in\mathbb{Z}$ est pair alors $p=2k$ où $k\in\mathbb{Z}$ donne $p^2=4k^2$ donc $p^2\equiv0$ (modulo 4)
- Notons $n=p^2+q^2$ où p et q sont deux entiers relatifs, et étudions les différents cas de parité de p et q.
  → Si p est impair et q est impair, alors $n=p^2+q^2\equiv1+1$ (mod 4) donc $n\equiv2$ (mod 4)
  → Si p est impair et q est pair, alors $n=p^2+q^2\equiv1+0$ (mod 4) donc $n\equiv1$ (mod 4)
  → Si p est pair et q est impair, alors $n=p^2+q^2\equiv0+1$ (mod 4) donc $n\equiv1$ (mod 4)
  → Si p est pair et q est pair, alors $n=p^2+q^2\equiv0+0$ (mod 4) donc $n\equiv0$ (mod 4)
- Ce qui précède montre que nous n'aurons jamais $n\equiv3$ (mod 4) ce qui démontre le résultat attendu.

11 Calculer le PGCD des trois nombres 720, 450 et 390.

- La calculatrice Ti92 donne directement factor(...): $720=2^4\times3^2\times5$, $450=2\times3^2\times5^2$, $390=2\times3\times5\times13$
- Le plus grand diviseur qui soit commun aux trois nombres est 2×3×5, ce qui donne $\text{PGCD}(720,450,390)=30$

12 On note a = 1 111 111 111 et b = 123 456 789.

1/ Calculer le quotient et le reste de la division euclidienne de a par b.
On remarque que $a=9b+10$ donc 9 est le quotient et r=10 est le reste de la division euclidienne de a par b.

2/ Calculer le PGCD de a et b.

- Remarquons pour commencer que $b=123\,456\,789=123\,456\,78\times10+9$ soit $b=123\,456\,78\times r+9$
- Or, la formule qui est à la base de l'algorithme d'Euclide est: $\text{PGCD}(a,b)=\text{PGCD}(b,a-b)$. Combinée à cette autre formule $\text{PGCD}(a,b)=\text{PGCD}(b,r)$ donnera par itérations successives $\text{PGCD}(a,b)=\cdots=\text{PGCD}(r,9)=1$ puisque $r=10$ comme montré en 1/.
- Nous avons donc obtenu: $\text{PGCD}(a,b)=1$

```
  1 1 1 1 1 1 1 1 1 1 | 1 2 3 4 5 6 7 8 9
- 1 1 1 1 1 1 1 1 0 1 |------------------
                  1 0 | 9
```

3/ Déterminer deux entiers relatifs u et v tels que $au+bv=\text{PGCD}(a,b)$

- Il "suffit" de remonter les calculs obtenus précédemment.
- Puisque $a=9b+r$ on déduit que $a-9b=r$. De plus, $b=123\,456\,78\times r+(r-1)$ donne $1=123\,456\,79\times r-b$ puis $1=123\,456\,79\times(a-9b)-b$. Regroupons les termes: $1=123\,456\,79\times a-(123\,456\,79\times9+1)\times b$. Pour finir, la multiplication à la calculatrice donne: $au+bv=\text{PGCD}(a,b)$ avec $u=123\,456\,79$ et $v=-111\,111\,112$

13 Démontrer que si PGCD(a,b)=1 alors PGCD(ab,a+b)=1

- Raisonnons par l'absurde. Prenons comme hypothèse que a et b sont des entiers premiers entre eux, mais que ab et a+b ne le sont pas, c'est-à-dire que PGCD(ab,a+b)≠1. Alors, il existe p premier divisant ab et a+b.
- Par le lemme d'Euclide [voir **21**]: comme p|ab avec p premier, on a p|a ou p|b. Par exemple, on suppose p|a.
- Comme p|(a+b) et p|a on déduit que p divise aussi leur différence, c'est-à-dire (a+b)−a, autrement dit p|b.
- Conclusion: puisque p|a et p|b alors PGCD(a,b)≠1 d'où une contradiction avec l'hypothèse faite plus haut.

14 Déterminer le reste de la division euclidienne de 14^{3141} par 17.

- Notons $a=14$ et $p=17$, donc p est un nombre premier connu. Le corollaire au petit théorème de FERMAT s'écrit ici: $a^{p-1}\equiv1\ (p)\ \Leftrightarrow\ 14^{17-1}\equiv1\ (17)\ \Leftrightarrow\ 14^{16}\equiv1\ (17)$. La division euclidienne de 3 141 par 16 donne: $3141=16\times196+5$. On obtient ensuite: $14^{3141}=14^{16\times196+5}=14^{16\times196}\times14^5=(14^{16})^{196}\times14^5\equiv1^{196}\times14^5$ (mod 17)
- Calculons à présent 14^5 modulo 17:
  $17\equiv0\ (17)$ donne $17-3\equiv0-3\ (17)$ soit $14\equiv-3\ (17)$
  puis $14^2\equiv(-3)^2\equiv9\ (17)$
  et $14^3=14^{2+1}=14^2\times14^1\equiv9\times(-3)\equiv-27\equiv7$ (modulo 17)
  donc $14^5=14^{2+3}=14^2\times14^3\equiv9\times7\ [17]\equiv63\ [17]\equiv12$ (mod 17)
- Ensuite, $14^{3141}\equiv1^{196}\times14^5$ (mod 17) devient $14^{3141}\equiv12\ (17)$
- Ainsi, le reste de la division euclidienne de 14^{3141} par 17 est 12.

```
  3 1 4 1 | 1 6
- 1 6     |------
  -----   | 1 9 6
  1 5 4
- 1 4 4
  -------
    1 0 1
-     9 6
  -------
        5

  6 3 | 1 7
- 5 1 |----
  ----| 3
  1 2
```

15 Trouver toutes les solutions entières de l'équation (E): $161x+368y=115$

- Calculs au brouillon:

368	161
- 322	2
46	

161	46
- 138	3
23	

46	23
- 46	2
0	

368	23
- 23	16
138	
- 138	
0	

161	23
- 161	7
0	

115	23
- 115	5
0	

- La méthode des divisions euclidiennes successives donne PGCD(368,161)=23
- $368 = 161\times2+46$
  $161 = 46\times3+23$
- En remontant les calculs:
  $161 - 46\times3 = 23$
  $368-161\times2=46$
  $161-[368-161\times2]\times3=23$
  $\Leftrightarrow\ 7\times161+(-3)\times368=23$

- On a $\text{PGCD}(368,161)=23$ et $115=23\times5$ donc $\text{PGCD}(368,161)\,|\,115$ et l'équation (E) admet des solutions.
- On a $7\times161+(-3)\times368=23$ et $115=23\times5$ donc en multipliant par 5 on obtient $35\times161+(-15)\times368=115$, on en déduit alors que $(x_0,y_0)=(35,-15)$ est une solution particulière de l'équation (E): $161x+368y=115$
- Soit $(x,y)\in\mathbb{Z}^2$ une solution de (E) alors $161x+368y=115$. De plus, nous savons que $161x_0+368y_0=115$, donc en effectuant la différence de ces deux égalités nous obtenons $161(x-x_0)+368(y-y_0)=0$. Puis, en divisant par 23 dans cette nouvelle égalité: $\cancel{23}\times7(x-x_0)+\cancel{23}\times16(y-y_0)=0 \quad\Leftrightarrow\quad 7(x-x_0)=-16(y-y_0)$
- On sait que $7\,|\,7(x-x_0)$ soit $7\,|\,16(y-y_0)$. De plus, $\text{PGCD}(7;16)=1$ donc 7 et 16 sont premiers entre eux.
  Le théorème de GAUSS s'écrit: $7\,|\,16(y-y_0)$ et $\text{PGCD}(7;16)=1$ donne $7\,|\,(y-y_0) \Leftrightarrow y-y_0=7k$ où $k\in\mathbb{Z}$
- Ainsi, en reprenant l'égalité obtenue plus haut et en reportant ce dernier résultat, il vient successivement:

$$\begin{cases}7(x-x_0)=-16(y-y_0)\\ y=y_0+7k\ \ ,k\in\mathbb{Z}\end{cases}\Leftrightarrow\begin{cases}7(x-x_0)=-16(\cancel{y_0}+7k-\cancel{y_0})\\ y=y_0+7k\ \ ,k\in\mathbb{Z}\end{cases}\Leftrightarrow\begin{cases}\cancel{7}(x-x_0)=-16\times\cancel{7}k\\ y=y_0+7k\ \ ,k\in\mathbb{Z}\end{cases}\Leftrightarrow\begin{cases}x=x_0-16k\\ y=y_0+\ 7k\end{cases}$$

- Conclusion: Les solutions entières de (E) sont les couples $\boxed{(x,y)\in\{(35-16k,-15+7k)\text{ avec }k\in\mathbb{Z}\}}$

16 Trouver toutes les solutions entières de l'équation (E): $9x\equiv6$ (modulo 24)

- Une autre écriture de l'équation à résoudre est: $9x\equiv6\ (24) \ \Leftrightarrow\ 9x=6+24k \ \Leftrightarrow\ 9x-24k=6$ où $x,k\in\mathbb{Z}$

24	9
- 18	2
6	

9	6
- 6	1
3	

6	3
- 6	2
0	

9	3
- 9	3
0	

24	3
- 24	8
0	

6	3
- 6	2
0	

- $\text{PGCD}(24,9)=3$
- $24=9\times2+6$
  $9=6\times1+3$
- En remontant les calculs:
  $9-6\times1=3$; $24-9\times2=6$
  $\Rightarrow 9-[24-9\times2]\times1=3$
  $\Leftrightarrow\ 3\times9-1\times24=3$

- On a $\text{PGCD}(24,9)=3$ et $6=3\times2$ donc $\text{PGCD}(24,9)\,|\,6$ et l'équation $9x-24k=6$ admet des solutions $x,k\in\mathbb{Z}$.
- On a $3\times9-1\times24=3$ et $6=3\times2$ donc en multipliant par 2 on obtient $6\times9-2\times24=6$, on déduit ensuite que $(x_0,k_0)=(6,2)$ est une solution particulière de l'équation (E) réécrite: $9x-24k=6$ avec x et k dans $\mathbb{Z}$.
- Soit $(x,k)\in\mathbb{Z}^2$ une solution de (E) alors $9x-24k=6$. De plus, nous savons que $9x_0-24k_0=6$, donc en effectuant la différence de ces deux égalités nous obtenons $9(x-x_0)-24(k-k_0)=0$. Puis, en divisant par le PGCD de 24 et 9 dans cette nouvelle égalité: $\cancel{3}\times3(x-x_0)-\cancel{3}\times8(k-k_0)=0 \quad\Leftrightarrow\quad 3(x-x_0)=8(k-k_0)$
- On sait que $3\,|\,3(x-x_0)$ soit $3\,|\,8(k-k_0)$. De plus, $\text{PGCD}(3;8)=1$ donc 3 et 8 sont premiers entre eux.
  Le théorème de GAUSS s'écrit: $3\,|\,8(k-k_0)$ et $\text{PGCD}(3;8)=1$ donne $3\,|\,(k-k_0) \Leftrightarrow k-k_0=3m$ où $m\in\mathbb{Z}$
- Ainsi, en reprenant l'égalité obtenue plus haut et en reportant ce dernier résultat, il vient successivement:

$$\begin{cases}3(x-x_0)=8(k-k_0)\\ k=k_0+3m\ \ ,m\in\mathbb{Z}\end{cases}\Leftrightarrow\begin{cases}3(x-x_0)=8(\cancel{k_0}+3m-\cancel{k_0})\\ k=k_0+3m\ \ ,m\in\mathbb{Z}\end{cases}\Leftrightarrow\begin{cases}\cancel{3}(x-x_0)=8\times\cancel{3}m\\ k=k_0+3m\ \ ,m\in\mathbb{Z}\end{cases}\Leftrightarrow\begin{cases}x=x_0+8m\\ k=k_0+3m\end{cases},m\in\mathbb{Z}$$

- Les solutions entières de l'équation réécrite (E) sont les couples $(x,k)\in\{(6+8m,2+3m);m\in\mathbb{Z}\}$; mais le terme k ne nous intéresse pas, puisque de toutes façons k décrit entièrement l'ensemble $\mathbb{Z}$, donc les solutions de l'équation (E): $9x\equiv6$ (modulo 24) sont les x de la forme $\boxed{x=6+8m\text{ avec }m\in\mathbb{Z}}$
- <u>Remarque</u>: on pourra préférer regrouper les solutions de l'équation (E) en classes modulo 24 ; les solutions de (E) pourront donc être notées: $\underline{x_1=6+24m}$, $\underline{x_2=14+24m}$ et $\underline{x_3=22+24m}$ avec toujours m qui parcourt $\mathbb{Z}$.

17 Calculer le PGCD de 230 et 126.

- **Méthode ①**: soustractions successives, c'est-à-dire algorithme d'Euclide en posant q=1 à chaque fois.

$$\text{PGCD}(230,126)=\text{PGCD}(\underset{\text{le plus petit des deux nbrs}}{126}\ ;\ \underset{\text{soustraction des deux nbrs}}{104})=\text{PGCD}(\underset{\text{le plus petit des deux nbrs}}{104}\ ;\ \underset{\text{soustraction des deux nbrs}}{22})=\cdots=\text{PGCD}(2;2)=\text{PGCD}(2;0)=2$$

- **Méthode ②**: dernier reste non-nul des divisions euclidiennes successives, c'est-à-dire algorithme d'Euclide.

$$\begin{array}{r|l} 230 & 126 \\ -126 & \\ \hline 104 & 1 \end{array}\quad \begin{array}{r|l} 126 & 104 \\ -104 & \\ \hline 22 & 1 \end{array}\quad \begin{array}{r|l} 104 & 22 \\ -88 & \\ \hline 16 & 4 \end{array}$$

$$\begin{array}{r|l} 22 & 16 \\ -16 & \\ \hline 6 & 1 \end{array}\quad \begin{array}{r|l} 16 & 6 \\ -12 & \\ \hline 4 & 2 \end{array}\quad \begin{array}{r|l} 6 & 4 \\ -4 & \\ \hline 2 & 1 \end{array}\quad \begin{array}{r|l} 4 & 2 \\ -4 & \\ \hline 0 & 2 \end{array}$$

- En effectuant des divisions euclidiennes successives, il apparaît que le dernier reste non-nul est 2.
- Ainsi: $\boxed{\text{PGCD}(230,126)=2}$

- **Méthode ③**: rechercher le plus grand diviseur qui soit commun aux deux nombres [voir fiche 06 FC1, exo **21**].
L'ensemble des diviseurs de 230 dans $\mathbb{N}$ est: $D(230)=\{1;2;5;10;23;46;115;230\}$
l'ensemble des diviseurs de 126 dans $\mathbb{N}$ est: $D(126)=\{1;2;3;6;7;18;21;42;63;126\}$
Ainsi, il apparaît que le plus grand diviseur qui soit commun à 230 et 126 est 2, donc $\text{PGCD}(230,126)=2$

- **Méthode ④**: décomposition des deux nombres en produit de nombres premiers [voir fiche 06 FC1, exo **47**].
On a $230=2\times5\times23$ que l'on peut noter $230=2^1\times3^0\times5^1\times7^0\times23^1$
et $126=2\times3^2\times7$ qui s'écrit aussi $126=2^1\times3^2\times5^0\times7^1\times23^0$
On prend pour chaque facteur la puissance minimale, d'où: $\text{PGCD}(230,126)=2^1\times3^0\times5^0\times7^0\times23^0=2$
On prend pour chaque facteur la puissance maximale, donc: $\text{PPCM}(230,126)=2^1\times3^2\times5^1\times7^1\times23^1=14\,490$

18 Démontrer que si p est un nombre premier, alors p divise $\binom{p}{k}$ pour $1\le k\le p-1$, c'est-à-dire $\binom{p}{k}\equiv0\ [p]$

- Nous savons [voir éventuellement la fiche 04 FC] que pour tout entier p non nul nous avons $\binom{p}{k}=\dfrac{p!}{k!(p-k)!}$

avec $p!=1\times2\times\cdots\times p$, donc $\binom{p}{k}k!(p-k)!=p!$ qui donne également: p divise $\binom{p}{k}k!(p-k)!$. Or, l'énoncé précise que $1\le k\le p-1$, donc p ne divise pas $k!$. De même, p ne peut pas diviser $(p-k)!$ soit: $\boxed{\text{p divise }\binom{p}{k}}$

19 Démontrer le petit théorème de FERMAT: si p est un nombre premier et $a\in\mathbb{Z}$ alors $a^p\equiv a\ (\text{modulo } p)$

- Montrons le résultat par récurrence.
Pour $a\in\mathbb{Z}$ notons P(a) l'assertion: $a^p\equiv a\ (\text{modulo } p)$
- Initialisation: Pour $a=0$ nous avons $0^p=0$ et $0\equiv0\ [p]$ donc P(0) est vraie.
- Hérédité: Fixons $a\ge0$ et supposons que P(a) soit vraie, puis calculons $(a+1)^p$
La formule du binôme de Newton [voir éventuellement les fiches 03 FC et 04 FC] s'écrit ici:

$$(1+a)^p=\sum_{k=0}^{p}\binom{p}{k}1^k a^{p-k}=\sum_{k=0}^{p}\binom{p}{k}a^{p-k}=\binom{p}{0}a^p+\binom{p}{1}a^{p-1}+\cdots+\binom{p}{p-1}a^1+\binom{p}{p}a^0$$

$$\Leftrightarrow\quad (a+1)^p=1\times a^p+\binom{p}{1}a^{p-1}+\cdots+\binom{p}{p-1}a+1\times1=a^p+\binom{p}{1}a^{p-1}+\cdots+\binom{p}{p-1}a+1$$

Réduisons à présent modulo p:

On écrit $(a+1)^p\equiv a^p+\binom{p}{1}a^{p-1}+\cdots+\binom{p}{p-1}a+1\ (\text{modulo } p)$

donc $(a+1)^p\equiv a^p+1\ (\text{modulo } p)$ d'après le résultat démontré à l'exercice **18** ci-dessus.

soit $(a+1)^p\equiv a\ +1\ (\text{modulo } p)$ d'après l'hypothèse de récurrence. Ceci démontre P(a+1)

- Conclusion: Par récurrence P(a) est vraie pour tout $a\ge0$; démonstration analogue pour $a\le0$.

20 Démontrer le corollaire au petit théorème de FERMAT: si p premier ne divise pas $a\in\mathbb{Z}$ alors: $a^{p-1}\equiv 1 \pmod p$

- D'après le petit théorème de FERMAT, démontré par récurrence à l'exercice **19**, nous obtenons successivement:

$$a^p \equiv a \pmod p \quad\Leftrightarrow\quad a^p - a \equiv 0 \pmod p \quad\Leftrightarrow\quad p \mid a^p - a \quad\Leftrightarrow\quad p \mid a(a^{p-1}-1)$$

- Or, nous savons d'après l'énoncé que p est un nombre premier et qu'il ne divise pas a, donc p et a sont premiers entre eux, ainsi le théorème de GAUSS s'écrit: $p \mid a(a^{p-1}-1)$ et PGCD(p,a)=1 donne $p \mid (a^{p-1}-1)$
- La conclusion est à présent immédiate, puisque: $p \mid (a^{p-1}-1) \;\Leftrightarrow\; a^{p-1}-1\equiv 0\ [p] \;\Leftrightarrow\; \boxed{a^{p-1}\equiv 1 \pmod p}$

21 Démontrer le lemme d'EUCLIDE: soit p un nombre premier ; si p|ab alors p|a ou p|b

- Soit p un nombre premier et $a,b\in\mathbb{Z}$ tels que p|ab. Si p ne divise pas a, alors p et a sont premiers entre eux, donc le théorème de GAUSS s'écrit: p|ab et PGCD(p,a)=1 donne p|b. Maintenant, si p|a alors de façon immédiate nous avons p|ab. En échangeant les rôles de a et b, on conclut que: $\boxed{\text{si } p|ab \text{ alors } p|a \text{ ou } p|b}$

22 Soient a et b des entiers supérieurs ou égaux à 1. Montrer que: $2^a-1 \mid 2^{ab}-1$

- Nous savons [voir éventuellement la fiche 03 FC] que: $x^b-y^b=(x-y)\sum_{k=0}^{b-1}x^{b-k-1}y^k$ pour tout $b\in\mathbb{N}$.

En posant $x=2^a$ et $y=1$ cette formule s'écrit $(2^a)^b-1=(2^a-1)\sum_{k=0}^{b-1}(2^a)^{b-k-1}$ ce qui prouve: $\boxed{2^a-1 \mid 2^{ab}-1}$

Deux formules intéressantes: $\boxed{x^n-1=(x-1)(1+x+x^2+\cdots+x^{n-1})}$ et $\boxed{x^n+1=(x+1)(1-x+x^2-x^3+\cdots+x^{n-1})}$

23 Soit p un entier plus grand que 1. Montrer que: 2^p-1 premier $\Rightarrow$ p premier

- Démontrons la contraposée [voir la fiche 01 FC] du résultat attendu: non(p premier) $\Rightarrow$ non(2^p-1 premier)
- Supposons que p ne soit pas un nombre premier, alors on peut écrire p=ab avec a et b entiers. Nous avons vu à l'exercice **22** que $(2^a-1)|(2^{ab}-1)$ donc ici $(2^a-1)|(2^p-1)$ ce qui fait que (2^p-1) ne peut pas être premier. CQFD

24 Soit $a\in\mathbb{N}$ tel que a^n+1 soit premier. Montrer que: $\exists k\in\mathbb{N},\ n=2^k$

- Démontrons la contraposée du résultat attendu: $\text{non}(\exists k\in\mathbb{N},\ n=2^k) \Rightarrow \text{non}(a^n+1 \text{ premier})$
- Supposons que $(\forall k\in\mathbb{N},\ n\neq 2^k)$ c'est-à-dire $n=q\times p$ avec p un nombre premier > 2 et $q\in\mathbb{N}$.
- Considérons également la formule $x^p+1=(x+1)(1-x+x^2-x^3+\cdots+x^{p-1})$ et posons en particulier $x=a^q$

Alors, nous obtenons successivement: $(a^q)^p+1=a^{q\times p}+1=a^n+1=(a^q+1)(1-a^q+a^{2q}-a^{3q}+\cdots+a^{q(p-1)})$

on obtient ainsi $(a^q+1)\mid(a^n+1)$ donc a^n+1 ne peut pas être premier ; ce qui démontre le résultat attendu.

25 Soient a et b deux entiers naturels tels que 0<a<b. Montrer que: $\text{PGCD}(a;b)=\text{PGCD}[a+b;\text{PPCM}(a;b)]$

- Notons $D=\text{PGCD}(a,b)$ et $M=\text{PPCM}(a,b)$. On sait d'après le cours [voir fiche 06 FA1] que a et b sont des multiples de leur PGCD, donc on peut noter $a=D\times a'$ et $b=D\times b'$ avec a' et b' premiers entre eux, càd $\text{PGCD}(a',b')=1$. Ainsi, la partie droite de l'égalité s'écrit: $\text{PGCD}[a+b;\text{PPCM}(a;b)]=\text{PGCD}[Da'+Db';M]$
- Du cours [fiche 06 FA1] nous savons que $\text{PGCD}(a;b)\times\text{PPCM}(a;b)=a\times b$. On obtient alors successivement:

$$\text{PGCD}(a;b)\times\text{PPCM}(a;b)=a\times b \quad\Leftrightarrow\quad D\times M=a\times b \quad\Leftrightarrow\quad \cancel{D}\times M=Da'\times\cancel{D}b' \quad\Leftrightarrow\quad M=Da'\times b'$$

- Ensuite, on reporte ce dernier résultat dans l'expression obtenue plus haut:

$$\text{PGCD}[Da'+Db';M]=\text{PGCD}[Da'+Db';Da'b']=\text{PGCD}[D(a'+b');Da'b']=D\times\text{PGCD}[a'+b';a'b']=D\times 1=D$$

- <u>Remarque</u>: la ligne précédente finie la démonstration puisque $\text{PGCD}[a'+b';a'b']=1$. Pour démontrer ce résultat, il suffit de considérer $\text{PGCD}[a';a'+b']=\text{PGCD}[a';b']=1$ et $\text{PGCD}[b';a'+b']=\text{PGCD}[b';a']=1$. Comme a' est premier avec a'+b' et b' est premier avec a'+b', leur produit a'b' est aussi premier avec a'+b'.

$x, y, \theta \in \mathbb{R}$; $z = x + iy \in \mathbb{C}$

$i^2 = -1$; z est l'affixe de M

Nombres complexes

$x = \text{Re}(z)$ $y = \text{Im}(z)$	$\bar{z} = x - iy$ $\|z\| = \sqrt{x^2+y^2} = \|\bar{z}\|$	$\|z\| = \sqrt{z\bar{z}}$ $\|z\|^2 = z\bar{z}$	$\dfrac{1}{z} = \dfrac{\bar{z}}{\|z\|^2} = \dfrac{x-iy}{x^2+y^2}$	$z_1 = z_2 \Leftrightarrow \text{Re}(z_1) = \text{Re}(z_2)$ et $\text{Im}(z_1) = \text{Im}(z_2)$ $z_1 z_2 = 0 \Leftrightarrow z_1 = 0$ ou $z_2 = 0$

Si $z_1 = x_1 + iy_1$ et $z_2 = x_2 + iy_2$ alors $z_1 + z_2 = (x_1 + x_2) + i(y_1 + y_2)$ et $z_1 z_2 = (x_1x_2 - y_1y_2) + i(x_1y_2 + x_2y_1)$

$\bar{\bar{z}} = z$, $(\bar{z})^n = \overline{z^n}$ $\overline{z_1 + z_2} = \bar{z_1} + \bar{z_2}$ $\overline{z_1 \times z_2} = \bar{z_1} \times \bar{z_2}$ $\overline{\left(\dfrac{z_1}{z_2}\right)} = \dfrac{\bar{z_1}}{\bar{z_2}}$	$z = \bar{z} \Leftrightarrow z \in \mathbb{R}$ $z = -\bar{z} \Leftrightarrow z \in \mathbb{C} \setminus \mathbb{R}$ $z = \rho e^{i\theta}$, $\rho = \|z\|$, $\theta = \arg(z)$ $e^{\pm i\theta} = \cos\theta \pm i \sin\theta$ $\cos\theta = \dfrac{x}{\rho}$, $\sin\theta = \dfrac{y}{\rho}$	$\arg(z_1z_2) \equiv \arg(z_1) + \arg(z_2)\ [2\pi]$ $\arg\left(\dfrac{z_1}{z_2}\right) \equiv \arg(z_1) - \arg(z_2)\ [2\pi]$ $\arg(\bar{z}) \equiv -\arg(z)\ [2\pi]$ $\arg(-z) \equiv \pi + \arg(z)\ [2\pi]$	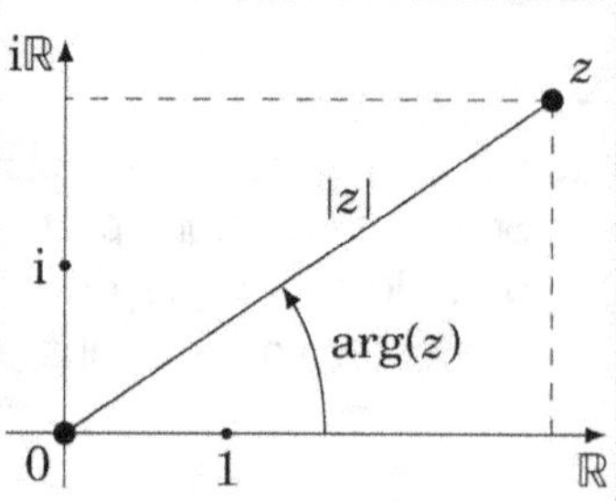

$\|z_1 + z_2\| \le \|z_1\| + \|z_2\|$ $\quad$ $\big\|\,\|z_1\| - \|z_2\|\,\big\| \le \|z_1 - z_2\| \le \|z_1\| + \|z_2\|$ $\quad$ Racines cubiques de l'unité: $1 + j + j^2 = 0$ $\quad$ $j = e^{i2\pi/3}$

Pour $\begin{cases} z \in \mathbb{C} \\ n \in \mathbb{N} \end{cases}$ les n racines n-ièmes de z tq $z = \omega^n$ sont les ω_k définis par $\omega_k = \rho^{\frac{1}{n}} e^{\frac{i(\theta + 2k\pi)}{n}}$ avec $k \in \{0, 1, \cdots, n-1\}$

$\displaystyle\sum_{k=0}^{n} z^k = \frac{1 - z^{n+1}}{1 - z}$

Formule de Moivre: $(\cos\theta + i\sin\theta)^n = \cos(n\theta) + i\sin(n\theta)$

Formules d'Euler: $\cos\theta = \dfrac{e^{i\theta} + e^{-i\theta}}{2}$ $\quad$ $\sin\theta = \dfrac{e^{i\theta} - e^{-i\theta}}{2i}$

<u>Équation complexe d'une droite</u> D : $ax + by + c = 0$. Soit $z = x + iy \in \mathbb{C}$ alors $x = \dfrac{z + \bar{z}}{2}$ et $y = \dfrac{z - \bar{z}}{2i}$ donnent

$a(z + \bar{z})/2 + b(z - \bar{z})/(2i) + c = 0 \Leftrightarrow \ldots \Leftrightarrow$ D : $z(a - ib) + \bar{z}(a + ib) + 2c = 0 \Leftrightarrow$ D : $z\bar{w} + \bar{z}w + 2c = 0$ où $w = a + ib$

<u>Équation du cercle de centre Ω d'affixe ω et de rayon r</u> $\in \mathbb{R}$. On a: $\Omega M = r \Leftrightarrow |z - \omega|^2 = r^2 \Leftrightarrow (z - \omega)\overline{(z - \omega)} = r^2$

<u>Lieu de points</u>. Soient A et B deux points du plan d'affixe respective a et b ; soit k un réel positif. Alors, l'ensemble des points M du plan tel que $AM = k\,BM$ est une droite médiatrice de [AB] si $k = 1$ et un cercle sinon. On obtient successivement: $AM = k\,BM \Leftrightarrow |z - a|^2 = k^2|z - b|^2 \Leftrightarrow (z - a)\overline{(z - a)} = k^2(z - b)\overline{(z - b)} \Leftrightarrow \ldots$

Soient A et B deux points du plan d'affixe z_A et z_B. Alors, on a: $\dfrac{|z - z_A|}{|z - z_B|} = \dfrac{AM}{BM}$ et $\arg\left(\dfrac{z - z_A}{z - z_B}\right) \equiv (\overrightarrow{BM}, \overrightarrow{AM})\ [2\pi]$

A, B et M alignés $\Leftrightarrow (\overrightarrow{BM}, \overrightarrow{AM}) \equiv 0\ [\pi] \Leftrightarrow \dfrac{z - z_A}{z - z_B} \in \mathbb{R}$

$(AM) \perp (BM) \Leftrightarrow (\overrightarrow{BM}, \overrightarrow{AM}) \equiv \dfrac{\pi}{2}\ [\pi] \Leftrightarrow \dfrac{z - z_A}{z - z_B} \in i\mathbb{R}$

Le triangle ABC est équilatéral $\Leftrightarrow \dfrac{z_C - z_A}{z_B - z_A} = e^{\pm i\frac{\pi}{3}}$

Triangle ABC isocèle-rectangle en A $\Leftrightarrow \dfrac{z_C - z_A}{z_B - z_A} = \pm i$

01 Calculer les racines carrées de i (nombre complexe tel que $i^2 = -1$).

- On cherche $z = x + iy$ tel que $x, y \in \mathbb{R}$ et $z^2 = i$. Il vient successivement:

  $z^2 = i \Leftrightarrow (x + iy)^2 = i \Leftrightarrow x^2 - y^2 + i2xy = i \Leftrightarrow x^2 - y^2 = 0$ et $2xy = 1$ en identifiant réelles et imaginaires.
- Puisque $|z^2| = |i| \Leftrightarrow |z|^2 = |i| \Leftrightarrow x^2 + y^2 = 1$ nous obtenons un système de trois équations qu'il est facile de résoudre: $\begin{cases} 2xy = 1 \\ x^2 - y^2 = 0 \\ x^2 + y^2 = 1 \end{cases} \Rightarrow \begin{cases} xy > 0 \\ 2x^2 = 1 \\ 2y^2 = 1 \end{cases} \Leftrightarrow \begin{cases} xy > 0 \\ x = \pm 1/\sqrt{2} \\ y = \pm 1/\sqrt{2} \end{cases}$. Les deux racines de i sont: $z_1 = \sqrt{2}/2 + i\sqrt{2}/2$, $z_2 = -\sqrt{2}/2 - i\sqrt{2}/2$

02 Résoudre l'équation: $z^2 + z + (1 - i)/4 = 0$

- Nous reconnaissons un trinôme du second degré. Posons $a = 1$, $b = 1$ et $c = (1 - i)/4$; alors le discriminant complexe est $\Delta = b^2 - 4ac = 1^2 - 4 \times 1 \times (1 - i)/4$ soit $\Delta = i$. On note habituellement $\Delta = \delta^2$, les solutions de l'équation sont alors: $z_{1,2} = (-b \pm \delta)/(2a)$. Avec les résultats du **01** il vient: $z_{1,2} = \left[-1 \pm \left(\sqrt{2}/2 + i\sqrt{2}/2\right)\right]/2$

03 Développement: Exprimer cos(3θ) et sin(3θ) uniquement en fonction de cosθ et sinθ.

- Nous utilisons la formule de Moivre ; les coefficients 1 et 3 sont donnés par la formule du binôme de Newton.

$$\cos(3\theta)+i\sin(3\theta)=(\cos\theta+i\sin\theta)^3=1(\cos\theta)^3(i\sin\theta)^0+3(\cos\theta)^2(i\sin\theta)^1+3(\cos\theta)^1(i\sin\theta)^2+1(\cos\theta)^0(i\sin\theta)^3$$

$$=(\cos^3\theta-3\cos\theta\sin^2\theta)+i(3\cos^2\theta\sin\theta-\sin^3\theta)$$

- On identifie les parties réelles et imaginaires: $\boxed{\cos(3\theta)=\cos^3\theta-3\cos\theta\sin^2\theta}$ $\boxed{\sin(3\theta)=3\cos^2\theta\sin\theta-\sin^3\theta}$

04 Linéarisation: Exprimer $\sin^3\theta$ uniquement en fonction de sin(nθ) avec n entier naturel.

- Nous utilisons la formule d'Euler ; les coefficients 1 et 3 sont donnés par la formule du binôme de Newton.

$$(\sin\theta)^3=\left(\frac{e^{i\theta}-e^{-i\theta}}{2i}\right)^3=\left(\frac{1}{2i}\right)^3(e^{i\theta}-e^{-i\theta})^3=\frac{1}{-8i}\left[1(e^{i\theta})^3(e^{-i\theta})^0-3(e^{i\theta})^2(e^{-i\theta})^1+3(e^{i\theta})^1(e^{-i\theta})^2-1(e^{i\theta})^0(e^{-i\theta})^3\right]$$

$$=\left(-\frac{1}{4}\right)\left(\frac{1}{2i}\right)\left[e^{i3\theta}-3e^{i2\theta}e^{-i\theta}+3e^{i\theta}e^{-i2\theta}-e^{-i3\theta}\right]=-\frac{1}{4}\left(\frac{e^{i3\theta}-e^{-i3\theta}}{2i}-3\frac{e^{i\theta}-e^{-i\theta}}{2i}\right)\ ;\ \boxed{\sin^3\theta=\frac{-\sin(3\theta)}{4}+\frac{3\sin\theta}{4}}$$

05 Écrire sous la forme algébrique $z=x+iy$ avec $(x,y)\in\mathbb{R}^2$ le nombre complexe $z=(3+6i)/(3-4i)$.

- On obtient successivement: $z=\frac{3+6i}{3-4i}\times\frac{3+4i}{3+4i}\Leftrightarrow z=\frac{9+12i+18i+24i^2}{9-16i^2}\Leftrightarrow z=\frac{-15+30i}{25}\Leftrightarrow\boxed{z=-\frac{3}{5}+\frac{6}{5}i}$

06 Écrire sous la forme algébrique $z=x+iy$ avec $(x,y)\in\mathbb{R}^2$ le nombre de module 2 et d'argument π/8.

- On a $z=\rho e^{i\theta}=\rho(\cos\theta+i\sin\theta)$ avec $\rho=2$ et $\theta=\pi/8$. Il nous reste à présent à exprimer cos(π/8) et sin(π/8).
- Comme $\theta=\pi/8$, il vient $2\theta=\pi/4$. Ce résultat va nous intéresser puisque $\cos(\pi/4)=\sin(\pi/4)=\sqrt{2}/2$.
- Deux formules de trigonométrie (à connaître) permettent d'écrire $\cos(2\theta)=2\cos^2\theta-1$ et $\sin^2\theta=1-\cos^2\theta$, nous obtenons donc: $[\cos(2\theta)+1]/2=\cos^2\theta\Leftrightarrow\pm\sqrt{[\sqrt{2}/2+1]/2}=\cos\theta\Rightarrow\sin\theta=\pm\sqrt{1-[\sqrt{2}/2+1]/2}$
- Comme $\theta=\pi/8\in[0;\pi/2]$ nous avons $\cos\theta\geq0$ et $\sin\theta\geq0$ d'où: $\cos\left(\frac{\pi}{8}\right)=\frac{\sqrt{2+\sqrt{2}}}{2}$ et $\sin\left(\frac{\pi}{8}\right)=\frac{\sqrt{2-\sqrt{2}}}{2}$
- Finalement, nous avons montré que: $\boxed{z=\sqrt{2+\sqrt{2}}+i\sqrt{2-\sqrt{2}}}$

07 Calculer le module ρ et l'argument θ du nombre complexe $z=\sqrt{6}/2-i\sqrt{2}/2$. Donner sa forme exponentielle.

- Il est immédiat que: $\rho=|z|\Leftrightarrow\rho=\sqrt{[\sqrt{6}/2]^2+[\sqrt{2}/2]^2}\Leftrightarrow\rho=\sqrt{6/4+2/4}\Leftrightarrow\rho=\sqrt{8/4}\Rightarrow\rho=\sqrt{2}$

  Du cours, on sait que $\cos\theta=(\sqrt{6}/2)/\rho$ et $\sin\theta=(-\sqrt{2}/2)/\rho$ soit encore $\cos\theta=\sqrt{3}/2$ et $\sin\theta=-1/2$.

  Tracer au brouillon un cercle trigonométrie nous permet de voir que $\theta=-\pi/6$ (signes de cosθ et sinθ).
- Autre méthode: $z=\frac{\sqrt{6}}{2}-i\frac{\sqrt{2}}{2}\Leftrightarrow z=\sqrt{2}\left(\frac{\sqrt{3}}{2}-i\frac{1}{2}\right)\Leftrightarrow z=\sqrt{2}\left(\cos\frac{\pi}{6}-i\sin\frac{\pi}{6}\right)\Rightarrow\boxed{z=\sqrt{2}.e^{-i\frac{\pi}{6}}}$

08 Déterminer le module et l'argument de $z_1=e^{e^{i\theta}}$ et $z_2=e^{i\alpha}+e^{i\beta}$ où θ, α et β sont des nombres réels.

- Du cours nous savons que $e^{i\theta}=\cos\theta+i\sin\theta$ donc $z_1=e^{e^{i\theta}}\Leftrightarrow z_1=e^{\cos\theta+i\sin\theta}\Leftrightarrow z_1=e^{\cos\theta}\times e^{i\sin\theta}$. De plus, $e^{\cos\theta}>0$ quel que soit θ réel, donc cette écriture est du type "module-argument": $|z_1|=e^{\cos\theta}$, $\arg(z_1)=\sin\theta$
- Nous obtenons successivement: $z_2=e^{i\alpha}+e^{i\beta}\Leftrightarrow z_2=e^{\frac{i\alpha+i\beta}{2}}\left(e^{\frac{i\alpha-i\beta}{2}}+e^{\frac{-i\alpha+i\beta}{2}}\right)\Leftrightarrow z_2=e^{i\frac{\alpha+\beta}{2}}\left(e^{i\frac{(\alpha-\beta)}{2}}+e^{-i\frac{(\alpha-\beta)}{2}}\right)$

  La formule d'Euler $\cos\theta=\frac{e^{i\theta}+e^{-i\theta}}{2}$ permet de poursuivre: $z_2=e^{i\frac{\alpha+\beta}{2}}\left(2\cos\frac{\alpha-\beta}{2}\right)\Leftrightarrow z_2=2\cos\frac{\alpha-\beta}{2}e^{i\frac{\alpha+\beta}{2}}$

  Avant de pouvoir conclure, il nous faut discuter du signe du cosinus suivant les valeurs de α et β.

  Si $\cos\frac{\alpha-\beta}{2}\geq0$ alors $\arg(z_2)=\frac{\alpha+\beta}{2}$. Si $\cos\frac{\alpha-\beta}{2}<0$ alors $\arg(z_2)=\frac{\alpha+\beta}{2}+\pi$. Et toujours: $|z_2|=\left|2\cos\frac{\alpha-\beta}{2}\right|$

09 Déterminer les lieux E_1 et E_2 des points M du plan tels que $|z-3|/|z-5|=1$ et $|z-3|/|z-5|=\sqrt{2}/2$

- Nous identifions $\mathbb{C}$ au plan affine et $z=x+iy$ à $(x,y)\in\mathbb{R}\times\mathbb{R}$. De plus, nous devons avoir $z\in\mathbb{C}\setminus\{5\}$.
- Notons $z_A=3$ et $z_B=5$ l'affixe de deux points du plan notés respectivement A et B. Alors, on obtient:

$M\in E_1 \Leftrightarrow \dfrac{|z-3|}{|z-5|}=1 \Leftrightarrow |z-3|=|z-5| \Leftrightarrow |z-z_A|=|z-z_B| \Leftrightarrow AM=BM$; $\boxed{E_1 \text{ est la médiatrice de } [AB]}$.

- $M\in E_2 \Leftrightarrow \dfrac{|z-3|}{|z-5|}=\dfrac{\sqrt{2}}{2} \Leftrightarrow |z-3|=\dfrac{\sqrt{2}}{2}|z-5| \Leftrightarrow 2|z-3|^2=|z-5|^2 \Leftrightarrow 2(z-3)\overline{(z-3)}=(z-5)\overline{(z-5)}$

$\Leftrightarrow 2(z-3)(\bar{z}-3)=(z-5)(\bar{z}-5) \Leftrightarrow \dots \Leftrightarrow z\bar{z}-(z+\bar{z})=7 \Leftrightarrow (z-1)(\bar{z}-1)-1=7$

$\Leftrightarrow (z-1)\overline{(z-1)}=8 \Leftrightarrow |z-1|^2=8 \Rightarrow |z-z_C|=\sqrt{8}$ si on note $z_C=1$ l'affixe d'un point C du plan.

On poursuit en écrivant: $M\in E_2 \Leftrightarrow CM=2\sqrt{2}$ donc $\boxed{E_2 \text{ est le cercle de centre C et de rayon } 2\sqrt{2}}$.

10 On pose $\omega=e^{\frac{i2\pi}{5}}$. Montrer que la somme $S=\sum_{k=0}^{4}\omega^k$ est nulle. En déduire l'expression de $\cos\left(\dfrac{2\pi}{5}\right)$.

- Partant de $\omega=e^{\frac{i2\pi}{5}}$ on obtient: $\omega^2=e^{2\times\frac{i2\pi}{5}}=e^{\frac{i4\pi}{5}}$, $\omega^3=e^{3\times\frac{i2\pi}{5}}=e^{\frac{i6\pi}{5}}=e^{\frac{i6\pi}{5}-2\pi}=e^{-\frac{i4\pi}{5}}$ et $\omega^4=e^{\frac{i8\pi}{5}}=e^{\frac{i8\pi}{5}-2\pi}=e^{-\frac{i2\pi}{5}}$.

On remarque que $S=1+\omega+\omega^2+\omega^3+\omega^4$ correspond à la somme des termes d'une suite géométrique de premier terme $\omega^0=1$ et de raison ω, donc $S=\dfrac{1-\omega^5}{1-\omega}$. Or, $\omega^5=e^{5\times\frac{i2\pi}{5}}=e^{i2\pi}=1$ et $\omega=e^{\frac{i2\pi}{5}}\neq 1$ donc $\boxed{S=0}$.

- On écrit: $S=1+e^{\frac{i2\pi}{5}}+e^{\frac{i4\pi}{5}}+e^{-\frac{i4\pi}{5}}+e^{-\frac{i2\pi}{5}}=1+\left(e^{\frac{i2\pi}{5}}+e^{-\frac{i2\pi}{5}}\right)+\left(e^{\frac{i4\pi}{5}}+e^{-\frac{i4\pi}{5}}\right)=1+2\cos\left(\dfrac{2\pi}{5}\right)+2\cos\left(\dfrac{4\pi}{5}\right)$

Puis, nous utilisons la formule de trigonométrie $\cos(2\theta)=2\cos^2\theta-1$ pour transformer le $\cos(4\pi/5)$.

Ainsi: $S=0 \Leftrightarrow 1+2\cos\left(\dfrac{2\pi}{5}\right)+2\cos\left(\dfrac{4\pi}{5}\right)=0 \Leftrightarrow 1+2\cos\left(\dfrac{2\pi}{5}\right)+2\left[2\cos^2\left(\dfrac{2\pi}{5}\right)-1\right]=0$

$\Leftrightarrow 1+2\cos\left(\dfrac{2\pi}{5}\right)+4\cos^2\left(\dfrac{2\pi}{5}\right)-2=0 \Leftrightarrow 4\cos^2\left(\dfrac{2\pi}{5}\right)+2\cos\left(\dfrac{2\pi}{5}\right)-1=0$

Posons $\alpha=\cos\left(\dfrac{2\pi}{5}\right)$ ce qui fait que résoudre $S=0$ se ramène à la résolution du trinôme: $4\alpha^2+2\alpha-1=0$

Le discriminant de ce trinôme à coefficients réels est $\Delta=2^2-4\times4\times(-1)$ soit $\Delta=20>0$. Les racines du trinôme sont $\alpha_{1,2}=\dfrac{-2\pm\sqrt{20}}{2\times4}$ soit $\alpha_{1,2}=\dfrac{-1\pm\sqrt{5}}{4}$. Comme $\dfrac{2\pi}{5}>0$ on obtient finalement $\boxed{\cos\left(\dfrac{2\pi}{5}\right)=\dfrac{-1+\sqrt{5}}{4}}$

11 Soit $z=\rho e^{i\theta}$ et $\bar{z}=\rho e^{-i\theta}$. Calculer: $P=(z+\bar{z})(z^2+\bar{z}^2)\cdots(z^n+\bar{z}^n)$ L'écriture de P donne successivement:

- $P=(z+\bar{z})(z^2+\bar{z}^2)\cdots(z^n+\bar{z}^n)=\prod_{k=1}^{n}(z^k+\bar{z}^k)=\prod_{k=1}^{n}\left[(\rho e^{i\theta})^k+(\rho e^{-i\theta})^k\right]=\prod_{k=1}^{n}\rho^k\left[e^{ik\theta}+e^{-ik\theta}\right]$

$=\prod_{k=1}^{n}\rho^k\left[2\cos(k\theta)\right]=2^n\times\rho^1\times\rho^2\times\cdots\times\rho^n\times\prod_{k=1}^{n}\cos(k\theta)$ soit finalement: $\boxed{P=2^n\times\rho^{\frac{n(n+1)}{2}}\times\prod_{k=1}^{n}\cos(k\theta)}$

12 1/ Soit $\mathbb{Z}[i]=\{a+ib\ ;\ a,b\in\mathbb{Z}\}$. Montrer que si $\alpha,\beta\in\mathbb{Z}[i]$ alors $\alpha+\beta$ et $\alpha\times\beta$ sont dans $\mathbb{Z}[i]$

- Soit $\alpha,\beta\in\mathbb{Z}[i]$. Notons $\alpha=a+ib$ et $\beta=c+id$ avec $a,b,c,d\in\mathbb{Z}$ alors $\alpha+\beta=(a+c)+i(b+d)$ avec $a+c\in\mathbb{Z}$ et $b+d\in\mathbb{Z}$ donc $\boxed{\alpha+\beta\in\mathbb{Z}[i]}$. Et $\alpha\beta=(ac-bd)+i(ad+bc)$ avec $ac-bd\in\mathbb{Z}$, $ad+bc\in\mathbb{Z}$ donc $\boxed{\alpha\times\beta\in\mathbb{Z}[i]}$

2/ Trouver les éléments inversibles de $\mathbb{Z}[i]$, c'est-à-dire les $\alpha\in\mathbb{Z}[i]$ tels qu'il existe $\beta\in\mathbb{Z}[i]$ avec $\alpha\beta=1$

- *Partie analyse:* Soit $\alpha\in\mathbb{Z}[i]$ qui convient, c'est-à-dire inversible, alors il existe $\beta\in\mathbb{Z}[i]$ tel que $\alpha\beta=1$ donc $\alpha\neq0$ et $1/\alpha\in\mathbb{Z}[i]$. De plus, tout élément non nul de $\mathbb{Z}[i]$ est de module supérieur ou égal à 1, soit $|\alpha|\geq1$ et $|1/\alpha|\geq1$ donc $|\alpha|=1$, ce qui donne $\alpha\in\{\pm1,\pm i\}$. *Partie synthèse:* on a $\pm1^{-1}=\pm1\in\mathbb{Z}[i]$ et $\pm i^{-1}=\mp i\in\mathbb{Z}[i]$
- Conclusion: les éléments inversibles de $\mathbb{Z}[i]$ appartiennent à l'ensemble: $\boxed{\{-1,1,-i,i\}}$

13 D'après le sujet du bac scientifique 2007 – France métropolitaine – Exercice 3 – Enseignement de spécialité.
$z_A = -5+6i$; $z_B = -7-2i$; $z_C = 3-2i$; $z_F = -2+i$ est le centre du cercle Γ circonscrit au triangle ABC.

1/ Soit H le point d'affixe $z_H = -5$. Déterminer les éléments caractéristiques de la similitude directe s_1 de centre A qui transforme le point C en le point H.

- Soit s_1 la similitude directe de centre A qui transforme C en H, son écriture complexe est alors: $z' = az + b$
- Puisque A est le centre de la similitude, il est invariant par s_1,
  on a donc $A = s_1(A) \Leftrightarrow z_A = az_A + b$ (Eq_1)
  mais aussi $H = s_1(C) \Leftrightarrow z_H = az_c + b$ (Eq_2)
- (Eq_1)–(Eq_2) donne $z_A - z_H = a(z_A - z_C)$ donc $a = \dfrac{z_A - z_H}{z_A - z_C}$ soit après calculs $a = \dfrac{3}{8}(1-i)$

  Par conséquent, (Eq_1) devient $b = z_A(1-a)$ c'est-à-dire $b = \dfrac{-43}{8} + \dfrac{15}{8}i$
- Remarquons pour commencer que $a = \dfrac{3\sqrt{2}}{8}e^{\frac{-i\pi}{4}}$ dans sa forme trigonométrique, le rapport de la similitude est par conséquent $|a| = \dfrac{3\sqrt{2}}{8}$ et l'angle de la similitude est $\arg(a) \equiv -\dfrac{\pi}{4}$ $[2\pi]$
- Finalement, la similitude recherchée est:

directe, de centre A, de rapport $\dfrac{3\sqrt{2}}{8}$, d'angle $-\dfrac{\pi}{4}$, donc d'écriture complexe $z' = \dfrac{3}{8}(1-i)z - \dfrac{43}{8} + \dfrac{15}{8}i$

Vérification à la calculatrice:

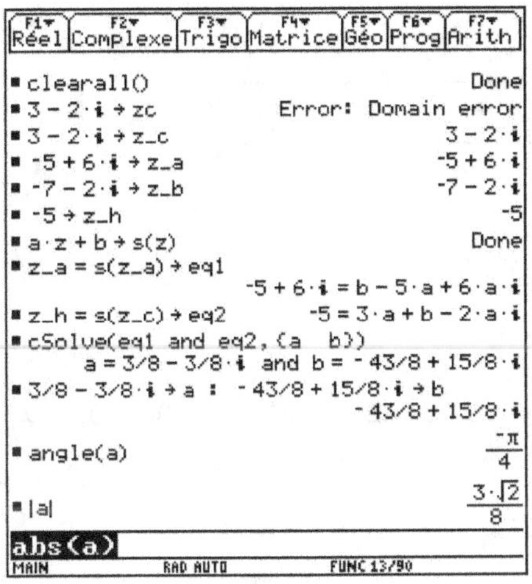

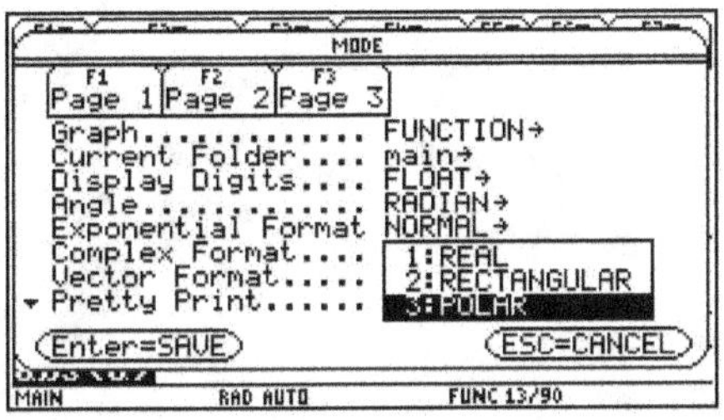

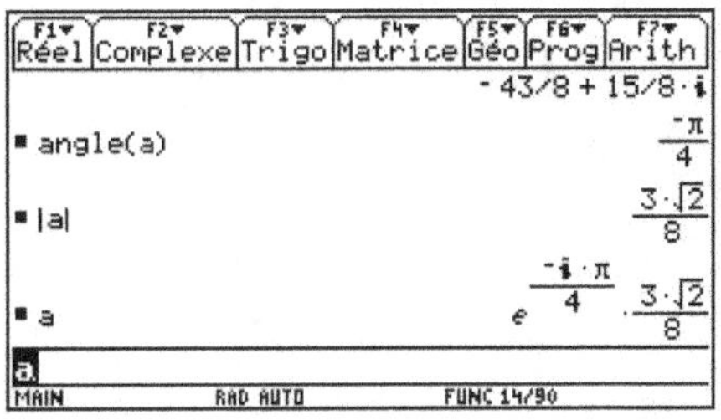

Remarque: clearall() donné ci-contre en haut à gauche, est un programme de l'auteur ; il faudra le remplacer ici par ces deux lignes:
NewProb
DelVar z_c,z_a,z_b,z_h,eq1,eq2

2/ Étant donné des nombres complexes z et z', on note M le point d'affixe z et M' le point d'affixe z'. Soient a et b des nombres complexes.
Soit s_2 la transformation d'écriture complexe $z' = a\bar{z} + b$ qui, au point M, associe le point M'.
Déterminer a et b pour que les points A et C soient invariants par s_2. Quelle est alors la nature de s_2 ?

- L'écriture $s_2 : z \mapsto z' = a\bar{z} + b$ est caractéristique d'une similitude inverse.
- On sait que $A = s_2(A) \Leftrightarrow z_A = a\overline{z_A} + b$ (Eq_1)
  et que $C = s_2(C) \Leftrightarrow z_C = a\overline{z_c} + b$ (Eq_2)
  le système à résoudre est donc $\begin{cases} -5+6i = a(-5-6i)+b \\ 3-2i = a(3+2i)+b \end{cases}$ qui donne après calculs: $\begin{cases} a = -i \\ b = 1+i \end{cases}$
- On sait par hypothèse que s_2 admet (au moins) deux points fixes qui sont A et C, de plus s_2 n'est pas l'identité du plan (car alors dans ce cas nous aurions $z' = z$, or on sait que $z' = a\bar{z} + b$), il est donc immédiat que s_2 est la symétrie axiale d'axe (AC) [on parle également de réflexion d'axe (AC)].

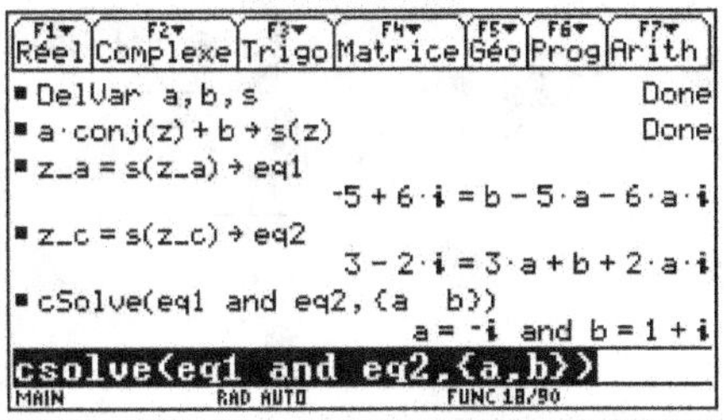

Transformations affines du plan complexe

(c'est-à-dire des transformations qui conservent l'alignement et le parallélisme)

La photocopie tue le livre

Translation t de vecteur $\vec{u}$

$$M' = t_{\vec{u}}(M) \Leftrightarrow \overrightarrow{MM'} = \vec{u} \Leftrightarrow z_{\overrightarrow{MM'}} = z_{\vec{u}} \Leftrightarrow z_{M'} - z_M = z_{\vec{u}} \Leftrightarrow z_{M'} = z_M + z_{\vec{u}} \Rightarrow \boxed{t : z \mapsto z' = z + z_{\vec{u}}}$$

Rotation r de centre Ω et d'angle θ

$$M' = r_{(\Omega;\theta)}(M) \Leftrightarrow \begin{cases} \Omega M' = \Omega M \\ \left(\widehat{\overrightarrow{\Omega M};\overrightarrow{\Omega M'}}\right) \equiv \theta \quad [2\pi] \end{cases} \Leftrightarrow z_{\overrightarrow{\Omega M'}} = e^{i\theta} z_{\overrightarrow{\Omega M}} \Leftrightarrow z_{M'} - z_\Omega = e^{i\theta}(z_M - z_\Omega)$$

$$\Leftrightarrow z_{M'} = e^{i\theta}(z_M - z_\Omega) + z_\Omega \Leftrightarrow z_{M'} = e^{i\theta} z_M + z_\Omega(1 - e^{i\theta}) \Rightarrow \boxed{r : z \mapsto z' = e^{i\theta} z + z_\Omega(1 - e^{i\theta})}$$

Homothétie h de centre Ω et de rapport k

$$M' = h_{(\Omega;k)}(M) \Leftrightarrow \overrightarrow{\Omega M'} = k\,\overrightarrow{\Omega M} \Leftrightarrow z_{\overrightarrow{\Omega M'}} = k\, z_{\overrightarrow{\Omega M}} \Leftrightarrow z_{M'} - z_\Omega = k(z_M - z_\Omega)$$

$$\Leftrightarrow z_{M'} = k(z_M - z_\Omega) + z_\Omega \Leftrightarrow z_{M'} = k\, z_M + z_\Omega(1-k) \Rightarrow \boxed{h : z \mapsto z' = k\,z + z_\Omega(1-k)}$$

Réflexion, symétrie s d'axe l'axe des abscisses

$M' = s_{(O;\vec{u})}(M) \Leftrightarrow z_{M'} = \overline{z_M} \Rightarrow \boxed{s : z \mapsto z' = \overline{z}}$ Le plan complexe est rapporté au repère orthonormé $(O;\vec{u},\vec{v})$

Similitude S de centre Ω, de rapport k et d'angle θ

$$M' = S_{(\Omega;k;\theta)}(M) \Leftrightarrow \begin{cases} \Omega M' = k\,\Omega M \\ \left(\widehat{\overrightarrow{\Omega M};\overrightarrow{\Omega M'}}\right) \equiv \theta \quad [2\pi] \end{cases} \Rightarrow \boxed{\begin{array}{ll} S : z \mapsto z' = a.z + b & \text{directe} \\ S : z \mapsto z' = a.\overline{z} + b & \text{inverse} \end{array}}$$

$a = k e^{i\theta}$ et $b = z_\Omega(1 - k e^{i\theta})$

avec $\begin{cases} (a,b) \in \mathbb{C}^* \times \mathbb{C} \\ k = |a| \\ \theta \equiv \arg(a) \quad [2\pi] \\ z_\Omega = \dfrac{b}{1-a} \quad , a \neq 1 \end{cases}$

Synthèse:
(S directe)

- $\boxed{\text{si } a = 0 \text{ alors } S_{(\Omega;k;\theta)} = Id_P}$
- $\boxed{\text{si } a = 1 \text{ alors } S_{(\Omega;k;\theta)} = t_{\vec{u}} \text{ avec } z_{\vec{u}} = b}$
- $\boxed{\text{si } |a| = 1 \text{ et } a \neq 1 \text{ alors } S_{(\Omega;k;\theta)} = r_{(\Omega;\theta)}}$
- $\boxed{\text{si } a \in \mathbb{R}^* \text{ alors } S_{(\Omega;k;\theta)} = h_{(\Omega;a)}}$

Logique, ensembles, raisonnements

Connecteurs logiques:	Propriétés des connecteurs:	
Négation :	$P =$	P et (Q ou R) =
Conjonction :	(P et Q) =	P ou (Q et R) =
Disjonction :	(P ou Q) =	$P \Rightarrow Q =$
Implication :	non (P et Q) =	$P \Rightarrow Q =$
Équivalence :	non (P ou Q) =	$P \Leftrightarrow Q =$
		non $(P \Rightarrow Q) =$

P	Q	P et Q	P ou Q	P => Q	P <=> Q
V	V				
V	F				
F	V				
F	F				

A Δ B correspond aux éléments qui appartiennent à une et une seule des parties de A et B.

Opérations dans $\mathscr{P}(E)$: pour toutes parties A, B, C de E on a:

- Complémentaire: $\overline{A} =$
- Intersection: $A \cap B =$
- (Ré)union: $A \cup B =$
- Différence: $A \setminus B =$
- Diff. symétrique: $A \Delta B =$

Propriétés des opérations dans $\mathscr{P}(E)$: pour toutes parties A, B, C de E on a:

- Complémentaire: $\overline{E} =$, $\overline{\phi} =$, $\overline{\overline{A}} =$, $A \subset B \Leftrightarrow \cdots$
- Lois de De Morgan: $\overline{A \cap B} =$, $\overline{A \cup B} =$
- (Ré)union: $A \cup B =$, $A \cup (B \cup C) =$, $A \cup A =$, $A \cup \phi =$, $A \cup E =$
- Intersection: $A \cap B =$, $A \cap (B \cap C) =$, $A \cap A =$, $A \cap \phi =$, $A \cap E =$
- Réunion et intersection: $A \cap (B \cup C) =$, $A \cup (B \cap C) =$

- Autre: $A = B \Leftrightarrow \cdots$
  $A \subset B \Leftrightarrow \cdots$
  $A \subset B \Leftrightarrow \cdots$
  $A \subset B \Leftrightarrow \cdots$

Modes de raisonnement:

- De façon directe :
- Par contraposition :
- Par l'absurde :
- Par déduction :
- Par disjonction des cas :
- Par contre-exemple :
- Par récurrence :
- Par analyse-synthèse :

00 Nier l'assertion: "tous les garçons de ma classe qui ont les yeux bleus gagneront au loto et passeront dans la classe supérieure".

01 Soient $a, b \geq 0$. Montrer que si $\frac{a}{1+b} = \frac{b}{1+a}$ alors $a = b$

02 Montrer que pour tout $n \in \mathbb{N}$, $2^n > n$

11 Montrer qu'il existe une ∞ de nombres premiers.

03 Montrer l'assertion suivante: $\forall A, B \in \mathscr{P}(E) \quad (A \cup B = A \cap B) \Rightarrow A = B$

04 Soit $n \in \mathbb{N}$. Montrer que si n^2 est pair alors n est pair.

05 Montrer que: $\sqrt{2} \notin \mathbb{Q}$

06 Soient E et F deux ensembles et $f : E \to F$. Démontrer que: $\forall A, B \in \mathscr{P}(E)$, $f(A \cap B) \subset f(A) \cap f(B)$

07 Soient E et F deux ensembles et $f : E \to F$. Démontrer que: $\forall A \in \mathscr{P}(E)$, $f^{-1}(F \setminus A) = E \setminus f^{-1}(A)$

08 Montrer que $I = \bigcap_{n=1}^{+\infty} \left[-\frac{1}{n}; 2 + \frac{1}{n} \right]$ est un intervalle.

09 Montrer que $J = \bigcup_{n=2}^{+\infty} \left] 1 + \frac{1}{n}; n \right]$ est un intervalle.

10 Soit $(f_n)_{n \in \mathbb{N}}$ une suite d'applications de $\mathbb{N}$ dans $\mathbb{N}$.
On définit une application f de $\mathbb{N}$ dans $\mathbb{N}$ en posant $f(n) = f_n(n) + 1$. Démontrer que: $\forall p \in \mathbb{N}$, $f \neq f_p$

Applications. Injection, surjection, bijection

Soit $A \subset E$ et $f : E \to F$, l'**image directe** de A par f est l'ensemble:

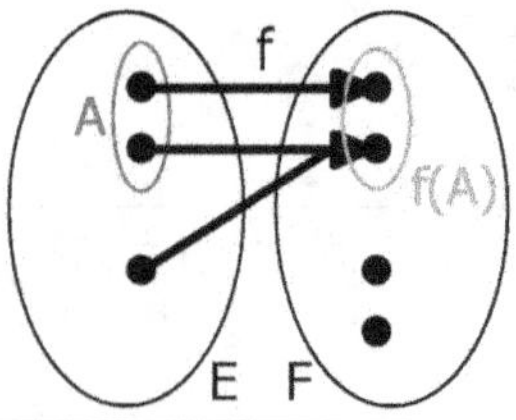

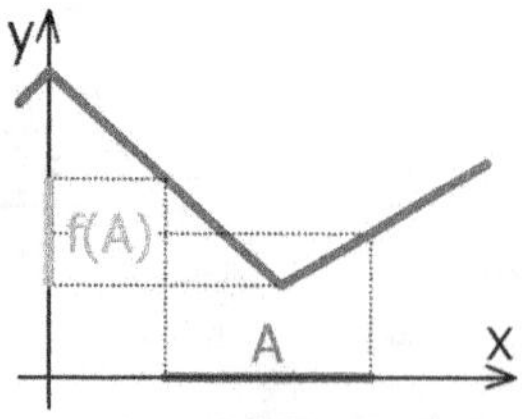

Soit $B \subset F$ et $f : E \to F$, l'**image réciproque** de B par f est l'ensemble:

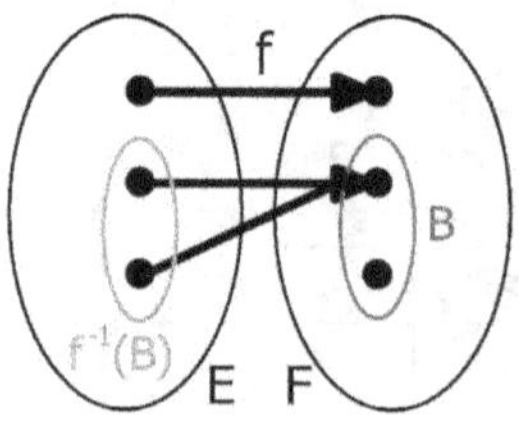

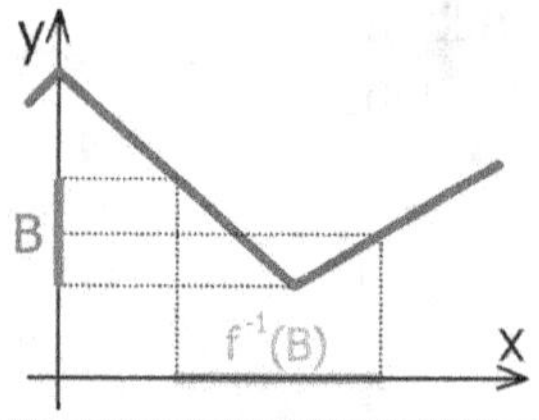

♦ Une application $f : E \to F$ est dite **injective** si et ssi:

♦ Autre formulation, au moyen de sa contraposée:

♦ Ou encore: f est injective si, et seulement si, tout élément y de F a ...

♦ Ne pas confondre avec la définition d'une application.

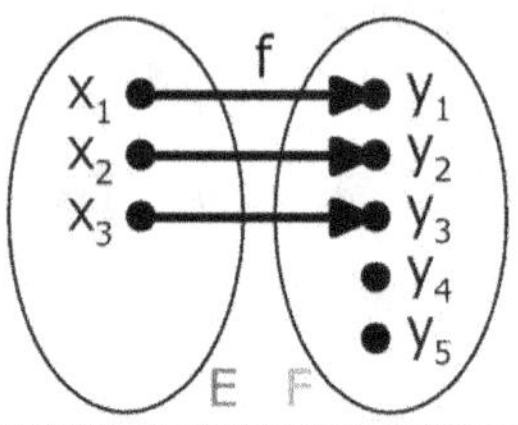

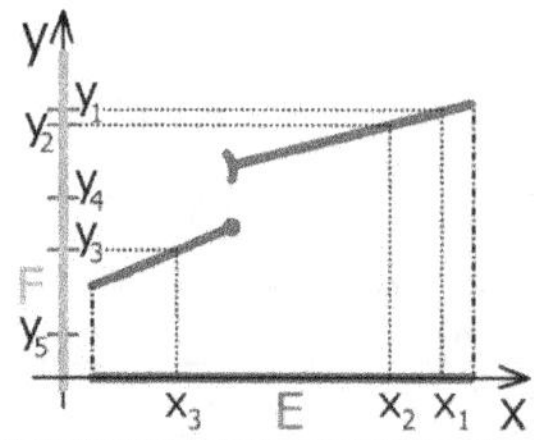

♦ Une application $f : E \to F$ est dite **bijective** si et ssi:

♦ Autre formulation: f est bijective si, et seulement si, elle est ...

♦ Autre formulation: f est bijective si, et seulement si, tout élément de F a ...

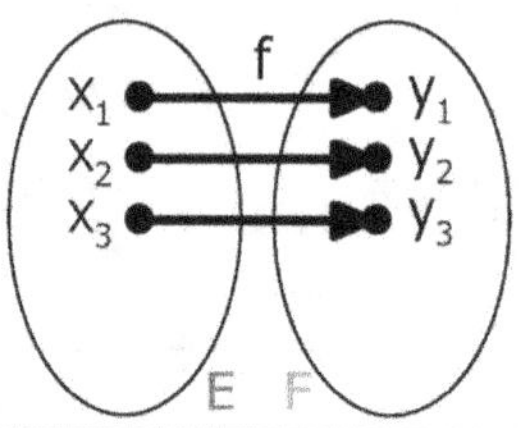

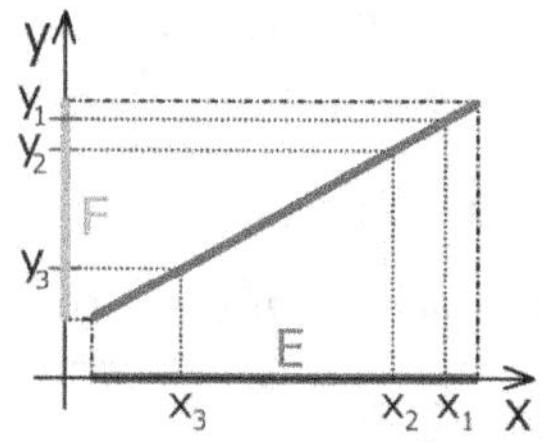

♦ Une application $f : E \to F$ est dite **surjective** si et ssi:

♦ Ou encore: f est surjective si et ssi: ...

♦ Ou encore: f est surjective si, et seulement si, tout élément y de F a ...

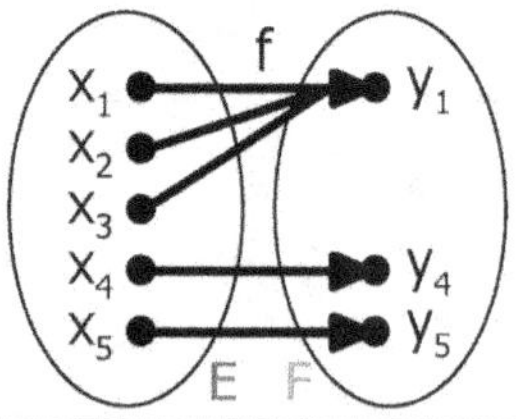

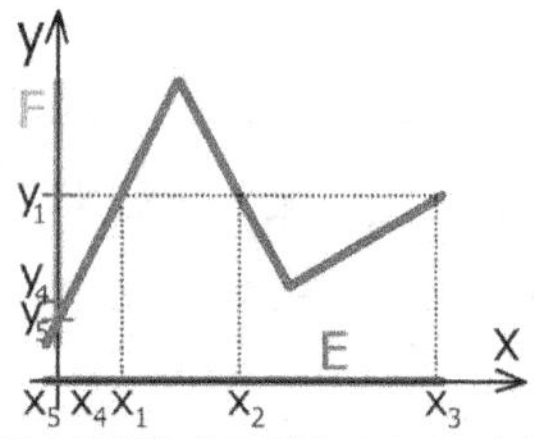

♦ Une **application** $f : E \to F$ est définie par:

ou sa contraposée, ce qui est équivalent:

♦ Le **graphe** de $f : E \to F$ est l'ensemble:

♦ $g \circ f = Id_E$ s'écrit:

♦ $f \circ g = Id_F$ s'écrit:

♦ $f^{-1} \circ f =$, $f \circ f^{-1} =$, $y = f(x) \Leftrightarrow$

01 L'application $f : \mathbb{N} \to \mathbb{Q}$, $x \mapsto (1+x)^{-1}$ est-elle bijective ?

02 L'application $f : \mathbb{Z} \to \mathbb{N}$, $x \mapsto x^2$ est-elle bijective ? Surjective ?

03 L'application $f : [1;+\infty[\to [0;+\infty[$, $x \mapsto x^2 - 1$ est-elle bijective ?

04 L'application $f : \mathbb{N} \to \mathbb{N}$, $x \mapsto x+1$ est-elle bijective ?

05 L'application $f : \mathbb{Z} \to \mathbb{Z}$, $x \mapsto x+1$ est-elle injective ? Surjective ?

06 L'application $f : \mathbb{R}^2 \to \mathbb{R}^2$, $(x,y) \mapsto (x+y, x-y)$ est-elle injective ? Surjective ?

07 L'application $f : \mathbb{R} \setminus \{1\} \to \mathbb{R}$, $x \mapsto (x+1)/(x-1)$ est-elle bijective ?

08 1/ Soit $f : \mathbb{R} \to \mathbb{R}$ définie par $f(x) = 2x/(1+x^2)$. L'application f est-elle injective ? Surjective ?
2/ Montrer que $f(\mathbb{R}) = [-1;1]$
3/ Montrer que la restriction $g : [-1;1] \to [-1;1]$, $g(x) = f(x)$ est une bijection.

09 Soient E et F deux ensembles et f : E→F. Démontrer que: $\forall A,B \in \mathscr{P}(E)$, $(A \subset B) \Rightarrow (f(A) \subset f(B))$

10 Soient E et F deux ensembles et f : E→F. Démontrer que: $\forall A,B \in \mathscr{P}(E)$, $f(A \cup B) = f(A) \cup f(B)$

11 Soient E et F deux ensembles et f : E→F. Démontrer que: $\forall A,B \in \mathscr{P}(E)$, $f^{-1}(A \cup B) = f^{-1}(A) \cup f^{-1}(B)$

Entiers naturels

L'ensemble $\mathbb{N}$ des entiers naturels est totalement ordonné et vérifie: ♦ Toute partie non vide de $\mathbb{N}$ a ... ♦ Toute partie non vide majorée de $\mathbb{N}$ a ... ♦ L'ensemble $\mathbb{N}$ des entiers naturels n'a pas ...	On note $(a_i)_{1\leq i\leq n}$ la famille a_1 , ... , a_n . $\sum_{i=1}^{n} a_i$ ou $\sum_{1\leq i\leq n} a_i$ la somme des termes. $\prod_{i=1}^{n} a_i$ ou $\prod_{1\leq i\leq n} a_i$ le produit des termes.

$\sum_{1\leq i\leq n}(x_i+y_i)=$ | $\sum_{1\leq i\leq n}(kx_i)=$ | $\prod_{1\leq i\leq n}(x_iy_i)=$ | $\prod_{1\leq i\leq n}(kx_i)=$

$(x+y)^n=$ | $x^n-y^n=$ | $\sum_{\substack{1\leq i\leq n\\1\leq j\leq p}} x_{ij} = \qquad =$

$\text{Card}(A\cup B)=$ | Si A et B sont disjoints alors ...

Dans le cas particulier où les ensembles E_i sont deux à deux disjoints: $\text{Card}(E_1\cup E_2\cup\cdots\cup E_n)=$

$n! = \qquad$ si $n\in\mathbb{N}^*$ | $0!=$ | $A_n^p = \qquad =$ | $C_n^p=\binom{n}{p}=$

$\binom{n}{0}= \qquad =$ | $\binom{n}{1}=$ | $\binom{n}{p}=$ | $\binom{n}{p}=$ | $\binom{n}{p}=$ | $\binom{n}{p}=$

01 Pour A et B dans E on note $A\Delta B=(A\cup B)\setminus(A\cap B)$. Montrer: $\text{Card}(A\Delta B)=\text{Card}(A)+\text{Card}(B)-2\text{Card}(A\cap B)$

02 Montrer que: $\forall n\in\mathbb{N}\setminus\{0\}$, $\sum_{k=1}^{n}k=\frac{n(n+1)}{2}$

03 Montrer que: $\forall n\in\mathbb{N}\setminus\{0\}$, $\sum_{k=1}^{n}k^2=\frac{n(n+1)(2n+1)}{6}$

04 Montrer que: $\forall n\in\mathbb{N}\setminus\{0\}$, $\sum_{k=1}^{n}k^3=\left(\sum_{k=1}^{n}k\right)^2$

05 Montrer que: $\forall\ n,x\in\mathbb{N}\times\mathbb{R}\setminus\{1\}$, $\sum_{k=0}^{n}x^k=\frac{1-x^{n+1}}{1-x}$

06 Montrer que: $\forall n\in\mathbb{N}$, $\forall k\geq 1$, $2^{2^{n+k}}-1=\left(2^{2^n}-1\right)\times\prod_{i=0}^{k-1}\left(2^{2^{n+i}}+1\right)$

07 Montrer que: $\forall n\in\mathbb{N}\setminus\{0\}$, $\sum_{k=1}^{n}(2k-1)^2=\frac{1}{3}n\left(4n^2-1\right)$

08 Montrer que: $\forall n\in\mathbb{N}-\{0\}$, 17 divise $\left(3\times5^{2n-1}+2^{3n-2}\right)$

09 Montrer que: $\forall n\in\mathbb{N}\setminus\{0\}$, $\sum_{k=1}^{n}\frac{1}{k^2}\leq 2-\frac{1}{n}$

10 Calculer chacun des nombres suivants: $A=\sum_{k=0}^{n}\binom{n}{k}$, $B=\sum_{k=0}^{n}\binom{n}{k}(-1)^k$, $C=\sum_{k=1}^{n}\binom{n}{k}k$ et $D=\sum_{k=0}^{n}\binom{n}{k}\frac{1}{1+k}$

11 Montrer que: $\forall a\in\mathbb{R}_+^*$, $\forall n\in\mathbb{N}$, $(1+a)^n\geq 1+na$

12 Montrer que: $\forall x,y\in\mathbb{C}$, $(x+y)^n=\sum_{k=0}^{n}\binom{n}{k}x^ky^{n-k}$

Dénombrement

<u>Principe multiplicatif</u>: S'applique lorsque l'on peut imaginer un arbre dont les branches correspondent à des choix successifs. Deux cas différents se présentent suivant que le choix s'effectue dans des ensembles distincts ou non.

<u>Permutations</u>: On tient compte de l'ordre et on considère toutes les parties du même ensemble. Pour un ensemble composé de n éléments, il y a n! permutations possibles. $n! = 1 \times 2 \times \cdots \times n$

<u>Arrangements</u>: On tient compte de l'ordre et on ne considère pas forcément toutes les parties de l'ensemble. Pour un ensemble de n éléments, il y a A_n^p arrangements. $A_n^p = \dfrac{n!}{(n-p)!}$

<u>Combinaisons</u>: On ne tient pas compte de l'ordre et on ne considère pas toutes les parties de l'ensemble. Pour un ensemble de n éléments, il y a C_n^p combinaisons. $C_n^p = \dbinom{n}{p} = \dfrac{n!}{p!(n-p)!}$

$$\binom{n}{0} = \binom{n}{n} = 1 \qquad \binom{n}{1} = \binom{n}{n-1} = n \qquad \binom{n}{n-p} = \binom{n}{p} \qquad \binom{n}{p} + \binom{n}{p+1} = \binom{n+1}{p+1} \qquad \binom{n}{p} = \frac{n}{p}\binom{n-1}{p-1} \qquad \sum_{p=0}^{p=n} \binom{n}{p} = 2^n$$

01 On peut choisir une entrée parmi 5, un plat parmi 4, puis un dessert parmi 6. Combien de menus différents ?

02 On lance 4 dés à 6 faces (avec 6 faces différentes par dé). Combien y-a-t'il de résultats différents possibles ?

03 Pour préparer une excursion de 5 randonneurs a, b, c, d et e il faut nommer 3 responsables différents. Combien y-a-t'il de façons différentes de les choisir ?

04 On considère les neuf chiffres {1;2;3;4;5;6;7;8;9} ainsi que les cinq chiffres qui sont impairs {1;3;5;7;9}. Avec ces chiffres, combien peut-on former de nombres de trois chiffres ≠ commençant par un chiffre impair ?

05 On considère l'ensemble des trois lettres {a,b,c}. Combien de mots ≠ de trois lettres ≠ peut-on former ?

06 De combien de façons peut-on placer 5 personnes autour d'une table ronde sur des chaises numérotées ?

07 On considère les neuf chiffres {1;2;3;4;5;6;7;8;9}. Avec ces chiffres, combien peut-on former de nombres de neuf chiffres tous différents ?

08 Dans leur matériel, 5 randonneurs ont au total 8 drapeaux différents ; ils désirent en accrocher chacun un à leur sac à dos. Combien existe-il de possibilités différentes d'accrocher les drapeaux aux sacs à dos ?

09 Au PMU, dans une course de 18 chevaux partants, combien doit-on valider de tickets de 5 chevaux ≠ pour être assuré de toucher le quinté dans l'ordre ? Combien de quintés dans le désordre sont-ils gagnants ?

10 On prend simultanément (donc l'ordre n'est pas pris en compte) 5 cartes d'un jeu de 32 cartes. On obtient alors une main de 5 cartes possibles parmi 32 cartes. Combien de mains différentes peut-on réaliser ?

11 Un damier contient 16 cases. Combien y a-t-il de façons ≠ de placer 3 jetons (à raison d'un jeton par case) ?

12 Une urne contient 10 boules blanches et 15 boules rouges. On choisit simultanément (donc l'ordre n'est pas pris en compte) 4 boules de l'urne. Combien y a-t-il de tirages possibles ?

13 Une urne contient 10 boules blanches et 15 boules rouges. On choisit simultanément (donc l'ordre n'est pas pris en compte) 4 boules de l'urne. Combien de tirages comportent 2 boules blanches et 2 rouges ?

14 Au loto (ancienne version), il fallait choisir 6 boules parmi 49 (l'ordre était quelconque). Combien de tickets différents fallait-il valider pour être certain d'empocher le gain maximum ?

15 A l'€uroMillion, il faut choisir 5 boules parmi 50 ainsi que 2 étoiles parmi 11. Combien de tickets différents ?

16 On extrait 6 cartes d'un jeu de 32 cartes. Déterminer le nombre total de mains possibles. Déterminer le nombre total de mains contenant 6 cœurs. Déterminer le nombre total de mains contenant exactement 2 rois.

17 Un numéro de téléphone portable est formé de 10 chiffres dont les deux premiers sont imposés: 06 ou 07. Combien de numéros de téléphone portable différents commençant par 06 sont disponibles au total ?

19 La référence d'une cartouche d'encre est composée d'une seule lettre de l'ensemble {A;H;S;T} ainsi que d'un seul chiffre de l'ensemble {1;3;5}. Dénombrer toutes les références possibles de ces cartouches d'encre.

20 Un test d'aptitude consiste à poser à chaque candidat une série de quatre questions auxquelles il doit répondre uniquement par OUI ou NON. Dénombrer toutes les possibilités de répondre au test.

21 Un restaurant propose à ses clients un menu qui se compose d'une entrée à choisir parmi trois $\{E_1;E_2;E_3\}$, d'un plat à choisir parmi quatre $\{P_1;P_2;P_3;P_4\}$ et pour finir d'un dessert à choisir parmi quatre $\{D_1;D_2;D_3;D_4\}$ Combien un client peut-il composer de menus différents ? Combien un client peut-il en composer avec P_2 ?

22 Un enfant possède 5 crayons de couleur: Rouge, Vert, Bleu, Jaune et Marron. Il dessine un bonhomme et choisit un crayon pour la tête, un autre pour le corps et un troisième pour les membres. En supposant qu'il peut utiliser la même couleur pour différentes parties, déterminer le nombre de choix des trois crayons. En supposant qu'il utilise toujours trois couleurs distinctes, déterminer le nombre de choix des trois crayons.

23 A l'arrivée d'une course de chevaux, le tiercé gagnant est (7;3;12). Quels sont les tiercés dans le désordre ? Combien de tiercés gagnants au total ?

24 Pour choisir le canal d'émission d'un appareil utilisant des ondes radio, on dispose de 8 interrupteurs pouvant chacun être commutés sur ON ou OFF. De combien de canaux d'émission différents peut-on disposer ?

Vocabulaire de la théorie des ensembles – Structures algébriques

Une relation binaire $\mathcal{R}$ dans un ensemble E est dite:

- **réflexive** si et seulement si:
- **symétrique** si et seulement si:
- **antisymétrique** si et seulement si:
- **transitive** si et seulement si:

Une relation $\mathcal{R}$ de E vers F est une **relation binaire** ssi $F = E$. On dit que $\mathcal{R}$ est une relation binaire dans E.

La classe d'équivalence de x modulo $\mathcal{R}$ est l'ensemble:

Soit $\mathcal{R}$ une relation binaire dans un ensemble E.

- $\mathcal{R}$ est une **relation d'équivalence** si et ssi :
- $\mathcal{R}$ est une **relation d'ordre** si seulement si :

Une application $f : E \to F$ est dite:

- **injective** si et seulement si:
- **surjective** si et seulement si:
- **bijective** si et seulement si:

On appelle **morphisme** de (E,*) dans (F,T) toute application $f : E \to F$ telle que: $\forall x, y \in E \ , \ f(x * y) = f(x) \, T \, f(y)$

- un isomorphisme est un
- un endomorphisme est un
- un automorphisme est un

f et g Injective $\Rightarrow$ g°f *idem*
f et g Surjective $\Rightarrow$ g°f *idem*
f et g Bijective $\Rightarrow$ g°f *idem*
g°f Injective $\Rightarrow$ f
g°f Surjective $\Rightarrow$ g
g°f Bijective $\Rightarrow$
$(g \circ f)^{-1} = f^{-1} \circ g^{-1}$

Un morphisme f de E dans F est:

- un isomorphisme si ...
- un endomorphisme si...
- un automorphisme si ...

Soient (G,*) et (G',*') deux gpes de neutres e et e' et f:(G,*)$\to$(G',*') un morphisme de gpes

Ker(f) =

Im(f) =

Une **loi de composition interne** * sur un ensemble E, est une application de E×E dans E tq: $(x, y) \mapsto x * y$

- est associative si et seulement si:
- est commutative si et seulement si:
- est distributive à gauche -/- à une autre LCI T si et ssi:
- est distributive à droite -/- à une autre LCI T si et ssi:
- admet un élément neutre à gauche si et ssi:
- admet un élément neutre à droite si et ssi:
- Pour tout x de E on note: $x^0 = e$
  et si e existe, alors il est unique.
- supporte la symétrie (càd l'inverse) si et ssi:

(G,*) est **un groupe** si et ssi:

-
-
-
-
-

(G,*) est **un groupe abélien** si et ssi:

-
-

(A,+,×) est **un anneau** ssi:

-
-
-
-

(A,+,×) est **un anneau commutatif** ssi:

-
-

01 $n \geq 2$ entier. $E = \mathbb{Z}$. Montrer que $\equiv$ définie par $(a \equiv b[n] \Leftrightarrow \exists! k \in \mathbb{Z}, a - b = kn)$ est une relation d'équivalence.

02 Dans $\mathbb{C}$, on définit la relation $\mathcal{R}$ par: $z_1 \mathcal{R} z_2 \Leftrightarrow |z_1| = |z_2|$. Montrer que $\mathcal{R}$ est une relation d'équivalence.

03 Dans $\mathbb{R}$, on définit la relation $\mathcal{R}$ par: $x \mathcal{R} y \Leftrightarrow xe^y = ye^x$. Montrer que $\mathcal{R}$ est une relation d'équivalence.

04 Soit $(E, \leq)$ un ensemble ordonné. On considère sur $\mathcal{P}(E) \setminus \{0\}$ la relation $\mathcal{R}$ définie par:
$X \mathcal{R} Y \Leftrightarrow (X = Y \text{ ou } \forall x \in X, \forall y \in Y, x \leq y)$ Montrer que $\mathcal{R}$ est une relation d'ordre.

05 On considère trois ensembles A, B et C ainsi que deux applications $f : A \to B$ et $g : B \to C$
Montrer que (gof injective $\Rightarrow$ f injective) puis que (gof surjective $\Rightarrow$ g surjective) [voir la fiche 02 FC]

06 On considère quatre ensembles A, B, C et D et trois applications $f : A \to B$, $g : B \to C$ et $h : C \to D$
Montrer que (gof et hog sont bijectives) $\Leftrightarrow$ (f, g et h sont bijectives)

Arithmétique dans $\mathbb{Z}$

Divisibilité

si $a \mid b$ alors $b =$ | si $a \mid b$ et $k \in \mathbb{Z}^*$ alors $a \mid$

$a \mid b$ et $b \mid c \Rightarrow$ | $a \mid b$ et $b \mid a \Leftrightarrow$ | $a \mid b$ et $a \mid c \Rightarrow a \mid$, $a \mid$ et $a \mid$

Division euclidienne

- Soit a un entier relatif et b un entier naturel non nul.
  Il existe un unique couple $(q;r)$ avec $q \in \mathbb{Z}$ et $r \in \mathbb{N}$, tel que:
  a est le , b le , q le et r le .
- On dit que l'unique couple $(q;r)$ est le résultat de la division euclidienne de a par b.

a | b
r | q

Congruence

$n \mid a \Leftrightarrow$ | $a \equiv b\,(n) \Leftrightarrow$ | $a \equiv b\,(n) \Leftrightarrow \quad \Leftrightarrow \quad \Leftrightarrow$

si $a \equiv b\,(n)$ alors $a =$ | si $a \equiv b\,(n)$ et si $b \equiv c\,(n)$ alors

si $a \equiv b\,(n)$ et si $c \equiv d\,(n)$ alors : $a + c \equiv$, $a - c \equiv$, $a \times c \equiv$

si $a \equiv b\,(n)$ et si $k \in \mathbb{Z} \setminus \{0\}$ alors : $a + k \equiv$, $a - k \equiv$, $a \times k \equiv$

si $a \equiv b\,(n)$ et si $p \in \mathbb{N} \setminus \{0\}$ alors : $a^p \equiv$ | $\forall n \in \mathbb{Z}^*$, $n \equiv \quad (n)$ | $\forall a \in \mathbb{N}^*, \forall n \in \mathbb{N}^*$, $a \equiv$

Plus **G**rand **C**ommun **D**iviseur et **P**lus **P**etit **C**ommun **M**ultiple

$\text{PGCD}(a;b) \leq$ | $\text{PGCD}(a;b) \leq$ | $\text{PGCD}(a;b) = \text{PGCD}(\ ;\ )$ | $\text{PGCD}(a;b) \mid$ | $\text{PGCD}(a;b) \mid$

si $b \mid a$ alors $\text{PGCD}(a;b) =$ | $\text{PGCD}(a;a) =$ | $\text{PGCD}(a;1) =$ | $\text{PGCD}(a;b) \times \text{PPCM}(a;b) =$

- Algorithme d'EUCLIDE: Soient a et b deux entiers naturels non nuls.
  Soient q et r le quotient et le reste de la division euclidienne de a par b.
  Alors, si $r = 0$ on a $\text{PGCD}(a;b) =$ et si $r \neq 0$ on a $\text{PGCD}(a;b) = \text{PGCD}(\ ;\ )$ avec

a | b
r | q

- L'ensemble des diviseurs communs à a et à b est l'ensemble des diviseurs de leur PGCD, ce qui peut s'exprimer également en écrivant que deux entiers naturels $(\neq 0)$ a et b sont des multiples de leur
- L'ensemble des multiples communs à a et à b est l'ensemble des multiples de leur PPCM, ce qui peut s'exprimer également en écrivant que deux entiers naturels $(\neq 0)$ a et b sont des diviseurs de leur
- Pour tout entier naturel k non nul: $\text{PGCD}(ka;kb) =$ | $\text{PPCM}(ka;kb) =$

$\text{PPCM}(a;b) = \text{PPCM}(\ ;\ )$ | si $a \mid b$ (donc si b est) alors $\text{PPCM}(a;b) =$

a,b 1ers entre eux $\Leftrightarrow \text{PGCD}(a;b) =$ | $\text{PGCD}(a;b) \mid$ | $\text{PGCD}(a;b) =$

Nombres premiers entre eux

- Deux nombres entiers relatifs a et b non nuls sont dits premiers entre eux lorsqu'on a: $\text{PGCD}(a;b) =$
- Deux nombres premiers entre eux n'ont qu'un seul diviseur commun dans $\mathbb{N}$, c'est 1 et deux dans $\mathbb{Z}$, -1 et 1.
- Une fraction est irréductible lorsque son numérateur et son dénominateur sont
- Théorème de BEZOUT:
- Théorème de GAUSS:
- Le Théorème de GAUSS sert en particulier à résoudre les équations diophantiennes (c'est-à-dire dans $\mathbb{Z}$).

Nombres premiers

- Un entier naturel est premier s'il n'admet exactement que deux diviseurs: 1 et lui-même ; donc 1 ne l'est pas.
- L'entier naturel 1 n'est pas premier puisqu'il n'admet qu'un seul diviseur.
- Les 100 premiers sont: 2, 3, 5, 7, 11, 13, 17, 19, 23, 29, 31, 37, 41, 43, 47, 53, 59, 61, 67, 71, 73, 79, 83, 89, 97.
- Tout entier naturel se décompose en produit de facteurs premiers.
- <u>Nombre de diviseurs naturels</u>: si un entier n a pour décomposition en produit de facteurs premiers $n = p_1^{\alpha_1} \times p_2^{\alpha_2} \times \cdots \times p_k^{\alpha_k}$, alors le nombre de diviseurs entiers naturels de n est
- <u>Décomposition, PGCD et PPCM</u>: Soit a et b deux entiers naturels supérieurs ou égaux à 2, se décomposant sous la forme $a = p_1^{\alpha_1} \times p_2^{\alpha_2} \times \cdots \times p_k^{\alpha_k}$ et $b = p_1^{\beta_1} \times p_2^{\beta_2} \times \cdots \times p_k^{\beta_k}$ où $p_1, p_2, \cdots, p_k$ sont des nombres premiers, $\alpha_1, \alpha_2, \cdots, \alpha_k$ et $\beta_1, \beta_2, \cdots, \beta_k$ des entiers naturels. Pour i entre 1 et k on pose $\delta_i = \text{minimum}(\alpha_i;\beta_i)$ et $\gamma_i = \text{maximum}(\alpha_i;\beta_i)$, alors $\text{PGCD}(a;b) =$ et $\text{PPCM}(a;b) =$

01 Déterminer dans $\mathbb{Z}$ les entiers n tels que 7 divise $n+3$

02 Déterminer dans $\mathbb{Z}$ les entiers n tels que $2n-5$ divise 6

03 Déterminer dans $\mathbb{Z}$ les entiers n tels que $2n-3$ divise $n+5$

04 Soit $p \in \mathbb{Z}$, démontrer que: $2 \mid p(p^2-1)$

05 Soit $p \in \mathbb{Z}$, démontrer que: $3 \mid p(p^2-1)$ puis que $3 \mid p(p+1)(2p+1)$

06 Le reste de la division euclidienne de 557 par l'entier b est 89.
Déterminer les valeurs possibles du diviseur b et du quotient q.

07 Montrer que: si n est un entier naturel impair, alors n^2-1 est divisible par 8.

08 Soit x un entier relatif tel que le reste de la division euclidienne de x par 7 est 2.
Quels sont les restes des divisions euclidiennes par 7 de x^2 et de x^3 ?

09 Montrer que: tout entier relatif n non divisible par 5 a un carré de la forme 5k+1 ou 5k–1, $k \in \mathbb{Z}$

10 Démontrer que: si $n \equiv 2\ (5)$ ou si $n \equiv 3\ (5)$ alors n^2+1 est un multiple de 5.

11 Démontrer que: pour tout entier naturel n, 6^n+13^{n+1} est un multiple de 7.

12 Démontrer l'équivalence: $\forall n \in \mathbb{N},\ 13 \mid n^3+3n-10 \iff n \equiv 3\ (13)$ ou $n \equiv 5\ (13)$

13 Démontrer: $8^5 \equiv -1\ (11)$ puis $8^{10n} \equiv 1\ (11)$ pour tout entier naturel n. En déduire: $8^{2002}+2$ divisible par 11.

14 Donner, suivant les valeurs de l'entier naturel n, les restes de la division euclidienne de 2^n par 5.

15 Résoudre dans $\mathbb{Z}$ la relation de congruence $8x \equiv 7\ (5)$ où l'inconnue est x avec $x \in \mathbb{Z}$

16 Résoudre dans $\mathbb{Z}$ la relation de congruence $11x \equiv 8\ (6)$

17 Déterminer l'ensemble des entiers naturels n pour lesquels le nombre 2^n-5 est divisible par 9.

18 Résoudre dans $\mathbb{N}$ le système: $17\,085 \equiv 12\ (p)$ et $5\,399 \equiv 2\ (p)$

19 Simplifier la fraction: 3 596 / 3 393

20 Calculer: $\dfrac{1}{3\,596}+\dfrac{1}{3\,393}$

21 Déterminer le PGCD de 48 et 18.

22 Soit $n \in \mathbb{N}$, déterminer suivant les valeurs de n le PGCD de $3n+4$ et de $n+1$

23 Soit $n \in \mathbb{N}$, déterminer suivant les valeurs de n le PGCD de n^2+5n+7 et de $n+1$

24 Déterminer dans $\mathbb{N}$ l'ensemble des diviseurs communs à 656 et 312.

25 Déterminer tous les couples (a;b) d'entiers naturels ($\neq 0$) tels que $\text{PGCD}(a;b)=14$ et $a \times b = 2940$

26 Déterminer tous les couples (a;b) d'entiers naturels ($\neq 0$) tels que $\text{PGCD}(a;b)=56$ et $a+b=224$

27 Déterminer le PPCM de 15 et 24, puis de 8 et 12 et enfin de 5 et 15.

28 Déterminer le PGCD de (1716;56) ; en déduire leur PPCM. Même chose avec le couple (853;212)

29 Déterminer le PPCM des couples suivants, si $n \in \mathbb{N}^*$: $(15n;12n)$, $(2n;2n+1)$, $(5n+7;2n+3)$

30 Déterminer tous les entiers naturels non nuls n tels que $\text{PPCM}(n;26)=78$

31 Déterminer l'ensemble des couples (a;b) de $\mathbb{N}^2$ tels que $\text{PGCD}(a;b)=15$ et $\text{PPCM}(a;b)=180$

32 Déterminer deux entiers naturels non nuls a et b tels que: $a \times b = 1344$ et $\text{PPCM}(a;b)=168$

33 Déterminer deux entiers naturels non nuls a et b tels que: $a+b=27$ et $\text{PPCM}(a;b)=60$

34 Démontrer, en utilisant la définition, que si $n \in \mathbb{N}^*$ alors les nombres n et $2n+1$ sont premiers entre eux.

35 Démontrer, en utilisant la définition, que si $n \in \mathbb{N}^*$ alors les nombres 8n+3 et 3n+1 sont premiers entre eux.

36 Démontrer, en utilisant le théorème de BEZOUT, que si $n \in \mathbb{N}^*$ alors n et $2n+1$ sont premiers entre eux.

37 Démontrer, en utilisant le théorème de BEZOUT, que si $n \in \mathbb{N}^*$ alors $8n+3$ et $3n+1$ sont premiers entre eux.

38 Démontrer, de deux façons différentes, que les nombres 812 et 451 sont premiers entre eux.

39 Démontrer, de deux façons différentes, que si $n \in \mathbb{N}^*$ alors $5n+7$ et $2n+3$ sont premiers entre eux.

40 Déterminer tous les entiers relatifs x et y tels que: $12x=7y$

41 Déterminer tous les entiers relatifs x et y tels que: $11x-24y=0$

42 Déterminer tous les entiers relatifs x et y tels que: $125x+35y=0$

44 Les nombres de FERMAT sont les nombres de la forme $F_n = 2^{2^n}+1$ avec $n \in \mathbb{N}$. Pierre de FERMAT (1601-1665) avait conjecturé que les nombres F_n étaient tous premiers. Que peut-on penser de cette conjecture ?

45 Décomposer en produit de facteurs premiers les entiers 1 260 et 508 950.

46 Combien le nombre 504 admet-il de diviseurs dans $\mathbb{N}$? Les donner tous. Et dans $\mathbb{Z}$?

47 En utilisant la décomposition en facteurs premiers, déterminer le PGCD et le PPCM de 414 et 888.

48 On note $N=2n^2+7n+6$. Pour quelles valeurs de l'entier naturel n, le nombre N est-il premier ?

49 Soit p un nombre premier strictement supérieur à 3. Démontrer que p^2+11 est divisible par 12.

Arithmétique dans $\mathbb{Z}$

- $\mathbb{Z}$ est un anneau principal. Les idéaux de $\mathbb{Z}$ sont de la forme $n\mathbb{Z}$ avec $n\in\mathbb{N}$. On peut aussi dire que l'idéal $|a|\mathbb{Z}+|b|\mathbb{Z}$ étant principal, il existe $d\in\mathbb{N}\backslash\{0\}$ tel que: $|a|\mathbb{Z} + |b|\mathbb{Z} = d.\mathbb{Z}$, où on note $d = \text{PGCD}(a,b)$. De plus, puisque l'idéal $|a|\mathbb{Z} \cap |b|\mathbb{Z}$ est principal, il existe $m\in\mathbb{N}\backslash\{0\}$ tel que: $|a|\mathbb{Z} \cap |b|\mathbb{Z} = m.\mathbb{Z}$, avec $m = \text{PPCM}(a,b)$.
- On note $\mathbb{Z}/n\mathbb{Z}$ l'ensemble des classes d'équivalence $\bar{a} = cl(a) = \{ b\in\mathbb{Z} \,;\, a \equiv b\,[n] \}$
- Pour $n\geq 2$, $\mathbb{Z}/n\mathbb{Z}$ muni des deux lois $\bar{a}+\bar{b} = \overline{a+b}$ et $\bar{a}\times\bar{b} = \overline{a\times b}$ est un anneau commutatif.
- Un élément $\bar{a}$ de $\mathbb{Z}/n\mathbb{Z}$ est inversible si, et seulement si, a et n sont premiers entre eux.
- Cas particulier: $\mathbb{Z}/n\mathbb{Z}$ est un corps si, et seulement si, n est premier.
- Soient $a,b,c\in\mathbb{Z}$ alors l'équation $ax+by=c$ possède des solutions $(x,y)\in\mathbb{Z}^2$ si, et seulement si, $\text{PGCD}(a,b) \mid c$ Dans ce cas, les solutions sont les $(x,y)=(x_0+\alpha k, y_0+\beta k)$ avec x_0,α,y_0,β entiers relatifs fixés et k parcourant $\mathbb{Z}$.
- Théorème de BÉZOUT : ...
- Théorème de GAUSS : ...
- Théorème de WILSON : ...
- Indicatrice d'EULER : ...
- Théorème d'EULER : ...
- Théorème chinois : ...
- Petit th. de FERMAT : ...

01 Montrer que l'entier N est divisible par 9 si, et seulement si, la somme de ses chiffres est divisible par 9.
02 Déterminer le reste de la division euclidienne de 2^{21} par 37.
03 Montrer que 7^n+1 est divisible par 8 si n est impair. Si n est pair alors donner le reste de sa division par 8.
04 Trouver le reste de la division euclidienne par 13 du nombre réel 100^{1000}.
05 Montrer que le reste de la division euclidienne par 8 du carré de tout nombre impair est 1.
06 Montrer que tout nombre n pair vérifie $n^2 \equiv 0 \pmod 8$ ou $n^2 \equiv 4 \pmod 8$
07 Soient a, b et c trois entiers impairs. Déterminer le reste modulo 8 de $(a^2+b^2+c^2)$
08 Soient a, b et c trois entiers impairs. Déterminer le reste modulo 8 de $(ab+bc+ca)$
09 Soient a, b et c trois entiers impairs. Montrer que $(a^2+b^2+c^2)$ n'est pas le carré d'un nombre entier.
10 Montrer que si n est un entier naturel somme de deux carrés d'entiers,
alors le reste de la division euclidienne de n par 4 n'est jamais égal à 3.
11 Calculer le PGCD des trois nombres 720, 450 et 390.
12 On note a = 1 111 111 111 et b = 123 456 789.
13 Démontrer que si PGCD(a,b)=1 alors PGCD(ab,a+b)=1
14 Déterminer le reste de la division euclidienne de 14^{3141} par 17.
15 Trouver toutes les solutions entières de l'équation (E): $161x+368y=115$
16 Trouver toutes les solutions entières de l'équation (E): $9x\equiv 6$ (modulo 24)
17 Calculer le PGCD de 230 et 126.
18 Démontrer que si p est un nombre premier, alors p divise $\binom{p}{k}$ pour $1\leq k\leq p-1$, c'est-à-dire $\binom{p}{k} \equiv 0\,[p]$
19 Démontrer le petit théorème de FERMAT: si p est un nombre premier et $a\in\mathbb{Z}$ alors $a^p \equiv a \pmod p$
20 Démontrer le corollaire au petit théorème de FERMAT: si p premier ne divise pas $a\in\mathbb{Z}$ alors: $a^{p-1}\equiv 1 \pmod p$
21 Démontrer le lemme d'EUCLIDE: soit p un nombre premier ; si $p|ab$ alors $p|a$ ou $p|b$
22 Soient a et b des entiers supérieurs ou égaux à 1. Montrer que: $2^a-1 \mid 2^{ab}-1$
23 Soit p un entier plus grand que 1. Montrer que: 2^p-1 premier $\Rightarrow$ p premier
24 Soit $a\in\mathbb{N}$ tel que a^n+1 soit premier. Montrer que: $\exists k\in\mathbb{N}$, $n=2^k$
25 Soient a et b deux entiers naturels tels que 0<a<b. Montrer que: $\text{PGCD}(a\,;b) = \text{PGCD}\left[\,a+b\,;\text{PPCM}(a;b)\,\right]$

$x, y, \theta \in \mathbb{R}$; $z = x + iy \in \mathbb{C}$

$i^2 = -1$; z est l'affixe de M

Nombres complexes

$x =$ $y =$	$\bar{z} =$ $\lvert z\rvert =$	$\lvert z\rvert =$ $\lvert z\rvert^2 =$	$\frac{1}{z} =$	$z_1 = z_2 \Leftrightarrow$ $z_1 z_2 = 0 \Leftrightarrow$

Si $z_1 = x_1 + iy_1$ et $z_2 = x_2 + iy_2$ alors $z_1 + z_2 =$ et $z_1 z_2 =$

$\bar{\bar{z}} =$, $(\bar{z})^n =$ $\overline{z_1 + z_2} =$ $\overline{z_1 \times z_2} =$ $\overline{\left(\frac{z_1}{z_2}\right)} =$	$z = \bar{z} \Leftrightarrow z \in$ $z = -\bar{z} \Leftrightarrow z \in$ $z = \rho e^{i\theta}$, $\rho =$, $\theta =$ $e^{\pm i\theta} =$ $\cos\theta =$, $\sin\theta =$	$\arg(z_1 z_2) \equiv$ $\arg\left(\frac{z_1}{z_2}\right) \equiv$ $\arg(\bar{z}) \equiv$ $\arg(-z) \equiv$	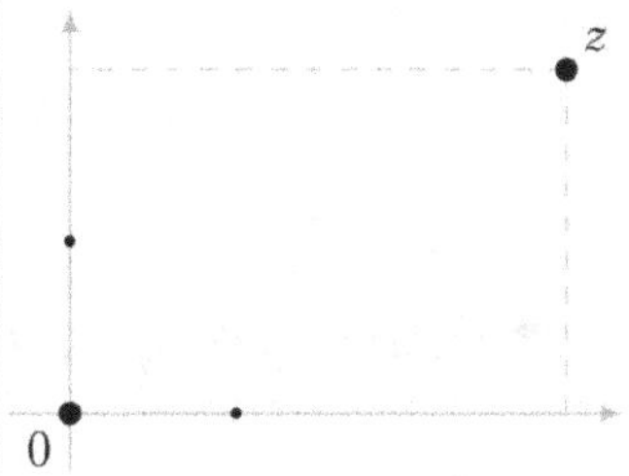

$\lvert z_1 + z_2 \rvert \quad \lvert z_1\rvert + \lvert z_2\rvert$	$\leq \lvert z_1 - z_2 \rvert \leq$	Racines cubiques de l'unité:

Pour $\begin{cases} z \in \mathbb{C} \\ n \in \mathbb{N} \end{cases}$ les n racines n-ièmes de z tq $z = \omega^n$ sont les ω_k définis par:

$\sum_{k=0}^{n} z^k =$	Formule de Moivre:	Formules d'Euler:

Équation complexe d'une droite D : $ax + by + c = 0$. Soit $z = x + iy \in \mathbb{C}$ alors $x =$ et $y =$ donnent:

Équation du cercle de centre Ω d'affixe ω et de rayon $r \in \mathbb{R}$. On a:

Lieu de points. Soient A et B deux points du plan d'affixe respective a et b ; soit k un réel positif. Alors, l'ensemble des points M du plan tel que $AM = k\,BM$ est:

Soient A et B deux points du plan d'affixe z_A et z_B. Alors, on a: $\frac{\lvert z - z_A\rvert}{\lvert z - z_B\rvert} =$ et $\arg\left(\frac{z - z_A}{z - z_B}\right) \equiv$

A, B et M alignés $\Leftrightarrow$ $\Leftrightarrow$	$(AM) \perp (BM) \Leftrightarrow$ $\Leftrightarrow$
Le triangle ABC est équilatéral $\Leftrightarrow$	Triangle ABC isocèle-rectangle en A $\Leftrightarrow$

01 Calculer les racines carrées de i (nombre complexe tel que $i^2 = -1$)

02 Résoudre l'équation: $z^2 + z + (1 - i)/4 = 0$

03 Développement: Exprimer $\cos(3\theta)$ et $\sin(3\theta)$ uniquement en fonction de $\cos\theta$ et $\sin\theta$.

04 Linéarisation: Exprimer $\sin^3\theta$ uniquement en fonction de $\sin(n\theta)$ avec n entier naturel.

05 Écrire sous la forme algébrique $z = x + iy$ avec $(x, y) \in \mathbb{R}^2$ le nombre complexe $z = (3 + 6i)/(3 - 4i)$.

06 Écrire sous la forme algébrique $z = x + iy$ avec $(x, y) \in \mathbb{R}^2$ le nombre de module 2 et d'argument $\pi/8$.

07 Calculer le module ρ et l'argument θ du nombre complexe $z = \sqrt{6}/2 - i\sqrt{2}/2$. Donner sa forme exponentielle.

08 Déterminer le module et l'argument de $z_1 = e^{e^{i\theta}}$ et $z_2 = e^{i\alpha} + e^{i\beta}$ où θ, α et β sont des nombres réels.

09 Déterminer les lieux E_1 et E_2 des points M du plan tels que $\frac{\lvert z - 3\rvert}{\lvert z - 5\rvert} = 1$ et $\frac{\lvert z - 3\rvert}{\lvert z - 5\rvert} = \frac{\sqrt{2}}{2}$

10 On pose $\omega = e^{\frac{i2\pi}{5}}$. Montrer que la somme $S = \sum_{k=0}^{4} \omega^k$ est nulle. En déduire l'expression de $\cos\left(\frac{2\pi}{5}\right)$

Transformations affines du plan complexe

(c'est-à-dire des transformations qui conservent l'alignement et le parallélisme)

Translation t de vecteur $\vec{u}$

$M' = t_{\vec{u}}(M) \Leftrightarrow$

Rotation r de centre Ω et d'angle θ

$M' = r_{(\Omega;\theta)}(M) \Leftrightarrow$

Homothétie h de centre Ω et de rapport k

$M' = h_{(\Omega;k)}(M) \Leftrightarrow$

Réflexion, symétrie s d'axe l'axe des abscisses

$M' = s_{(O;\vec{u})}(M) \Leftrightarrow$

Similitude S de centre Ω, de rapport k et d'angle θ

$M' = S_{(\Omega;k;\theta)}(M) \Leftrightarrow$

Synthèse:
(S directe) {

Statistiques à une variable et calculatrices Ti89–Ti92–V200

La photocopie tue le livre

Une enquête a été effectuée auprès d'un échantillon de 400 femmes afin d'étudier leur indice de masse corporelle, noté IMC, qui est l'un des facteurs prédisposant aux affections cardiovasculaires. L'indice de masse corporelle se définit comme le quotient de la masse P en kg par le carré de la taille T en mètre: IMC = $P \times T^{-2}$

On a obtenu le tableau ci-contre:

IMC	19	20	21	22	23	24	25	26	27	28	29
Effectif	25	37	106	92	38	39	16	12	15	13	7

Nous souhaitons représenter, ainsi qu'effectuer des calculs, sur cette série statistique à une variable.

a/ Démarrer l'éditeur de données

[ON] [APPS] [6] ▼ ▼ [ENTER]

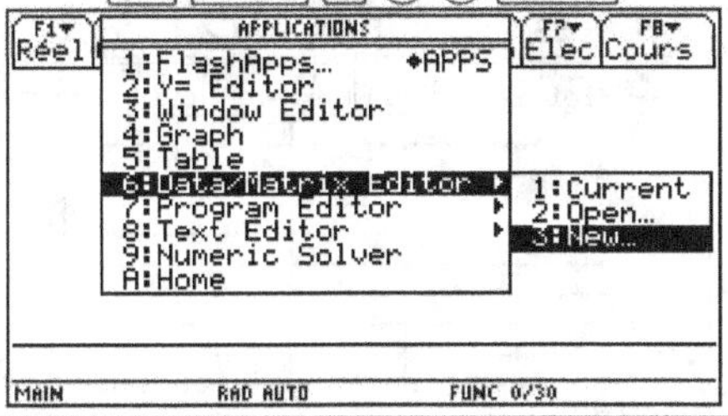

b/ Nommer le fichier de données

▼ ▼ stat1 [ENTER] [ENTER]

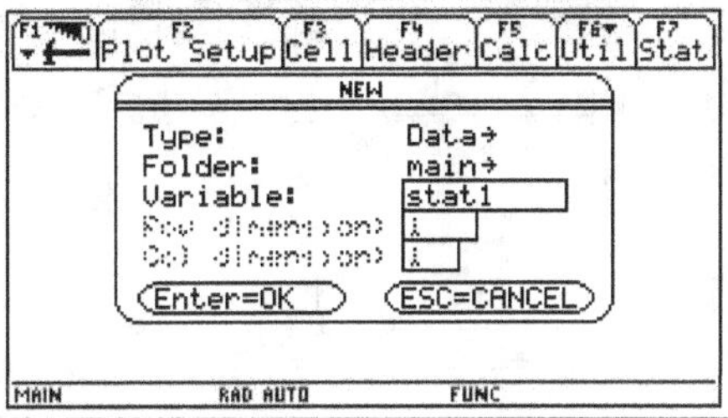

c/ On souhaite que la colonne c1 représente l'IMC, et c2 l'effectif

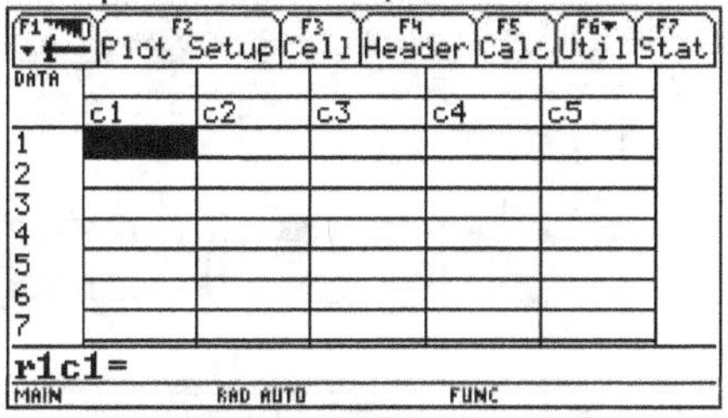

d/ On rentre ensuite les données du tableau dans le fichier 'stat1'

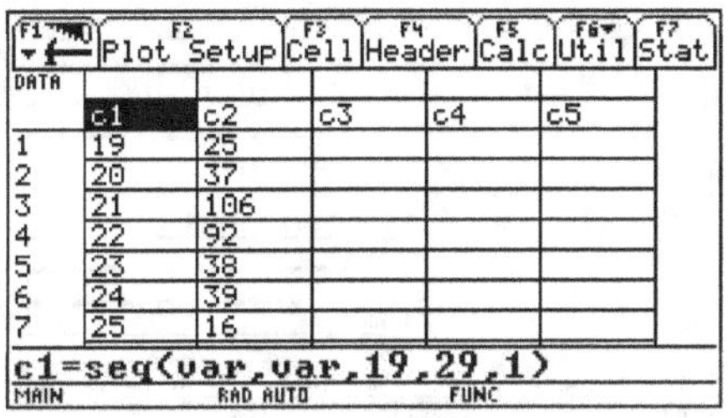

e/ De la façon dont les données ont été saisies, il est clair que la colonne c1 représente l'IMC tandis que la colonne c2 l'effectif. Nous souhaitons dans un premier temps effectuer des calculs sur cette série statistique, et ensuite la visualiser au moyen d'un histogramme puis d'une boîte à moustaches.

f/ Effectuer les calculs

[F5] ▶ [1] ▼ c1 ▼ ▶ [2] ▼ c2

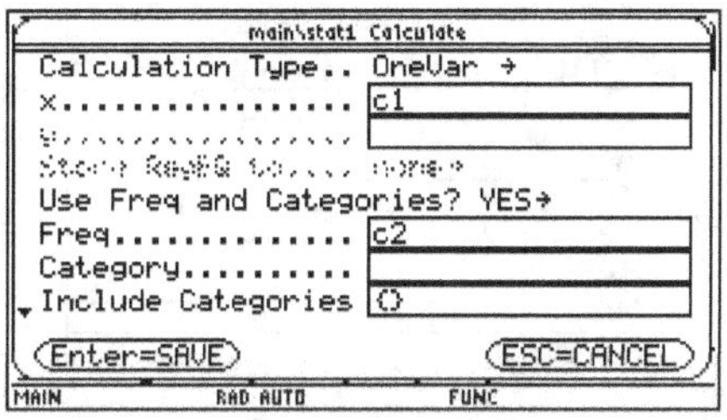

g/ Visualiser les résultats

[ENTER] [ENTER]

h/ <u>Interprétation des résultats</u>:

- L'indice IMC moyen est $\bar{x} \approx 22{,}4$
- La somme des "IMC×Effectif" est donné par $\Sigma x = 8959$
- L'écart-type estimé est $Sx \approx 2{,}3$
- L'effectif total est nStat = 400
- L'IMC varie entre minX et maxX
- Le premier quartile est q1 = 21
- Le troisième quartile est q3 = 24
- La médiane de cette série est 22

i/ Visualiser les résultats (suite)

▼ ▼

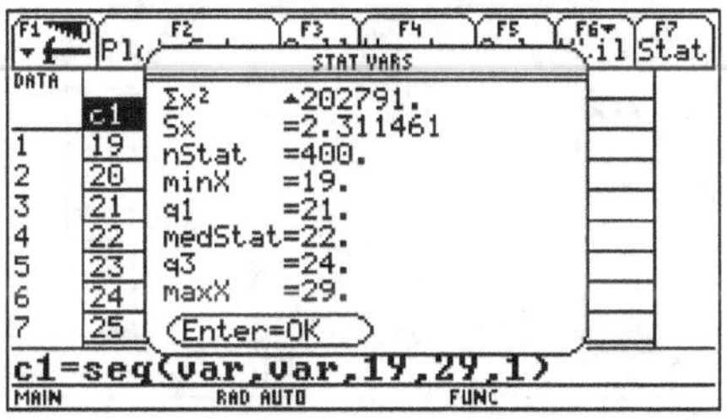

j/ Choisir le type de visualisation

[ENTER] [F2]

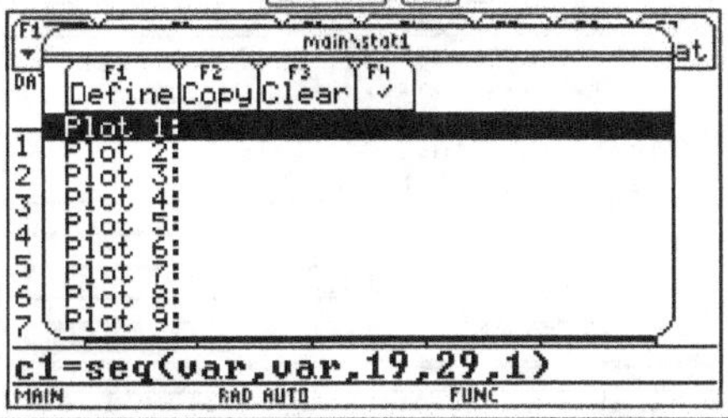

k/ Pour un histogramme

[F1] ▶ [4] ▼ c1 ▼ ▼ ▶ [2] ▼ c2

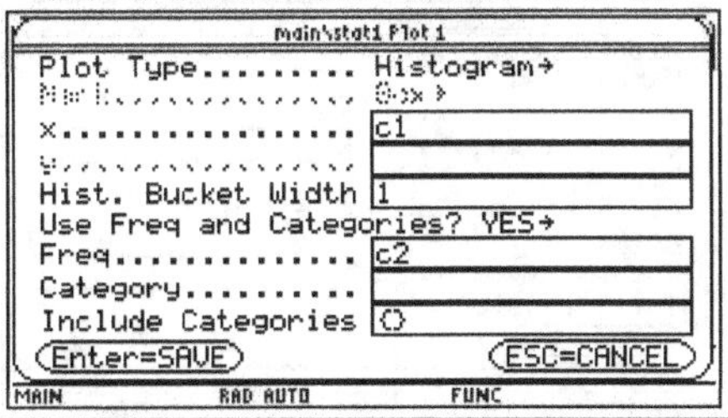

l/ Pour une boîte à moustaches

[F1] ▶ [3] ▼ c1 ▼ ▶ [2] ▼ c2

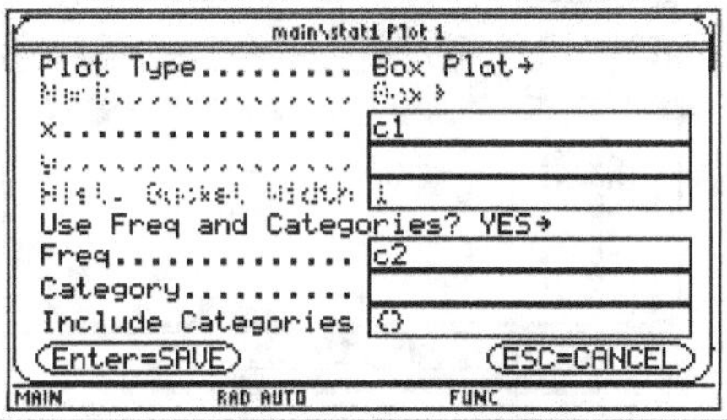

m/ Adapter la fenêtre d'affichage

[ENTER] [ENTER] [◆] [WINDOW] [ENTER]

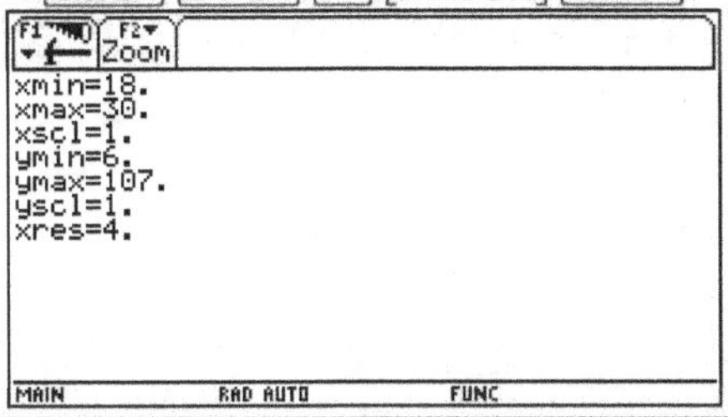

n/ Visualiser l'histogramme

[◆] [GRAPH]

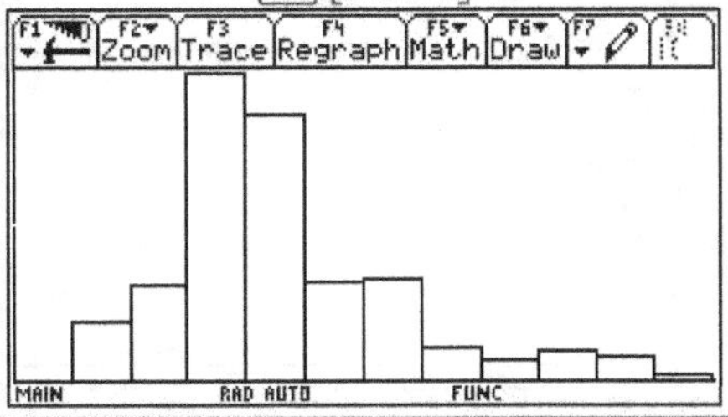

o/ Visualiser la boîte à moustaches

[◆] [GRAPH]

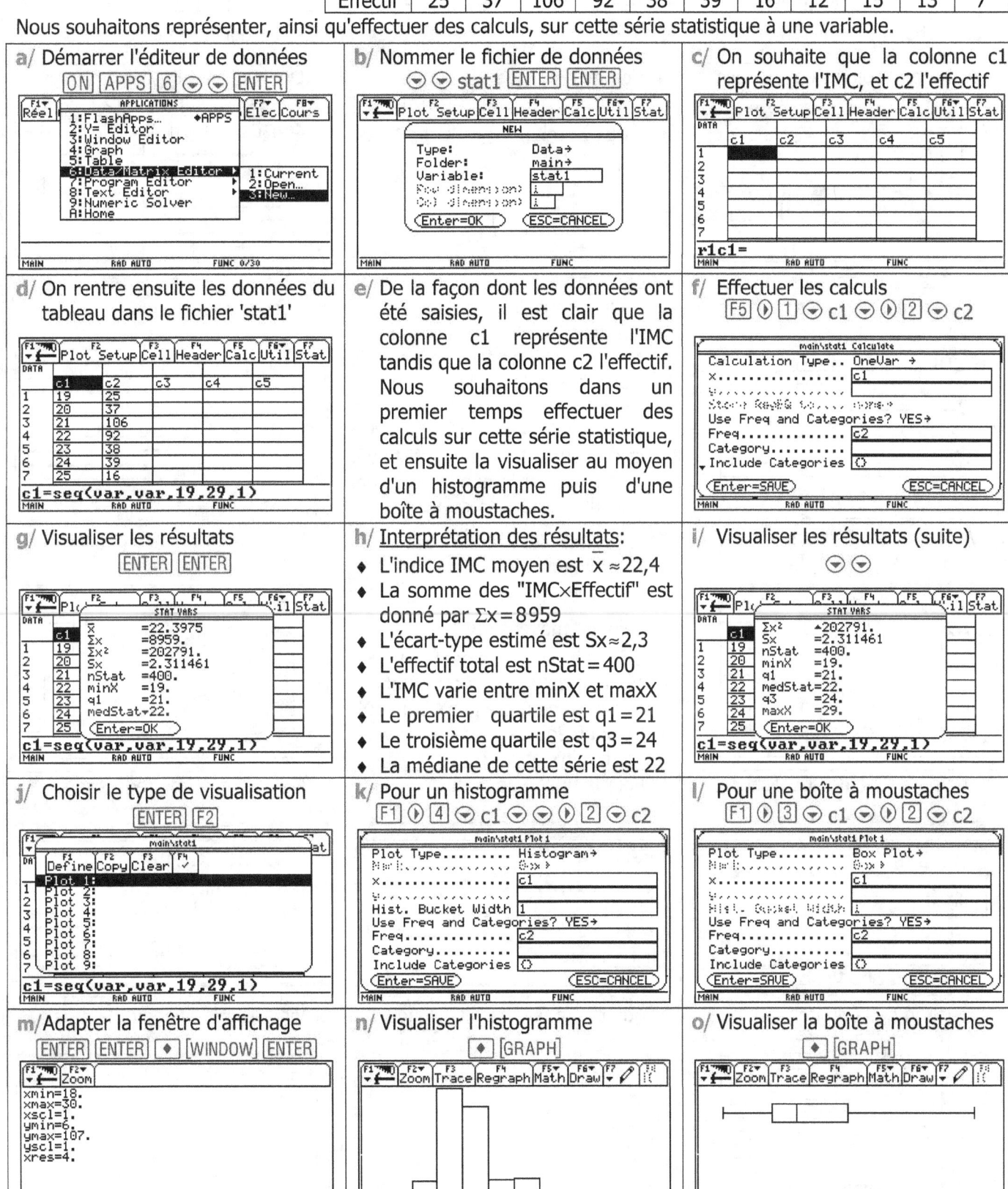

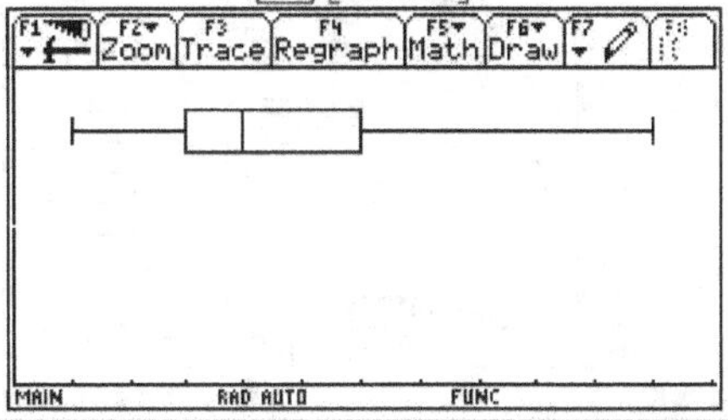

<u>Remarque</u>: Depuis la fenêtre des graphes, on peut basculer de l'histogramme au diagramme avec: [◆] [Y=] [F3]

Statistiques à deux variables et calculatrices Ti89 – Ti92 – V200

La photocopie tue le livre

Un négociant en vins a fait mener une étude visant à déterminer à quel prix maximal, exprimé en euros, ses clients sont prêts à acheter une bouteille de vin. Les résultats sont regroupés dans le tableau suivant:

Prix maximal en euros de la bouteille x_i	5	10	15	20	25	30
Pourcentage d'acheteurs potentiels y_i	84	58	30	19	7	4

Nous souhaitons représenter cette série par un nuage de points et tracer la droite de régression correspondante

a/ Démarrer l'éditeur de données
ON APPS 6 ⊙ ⊙ ENTER

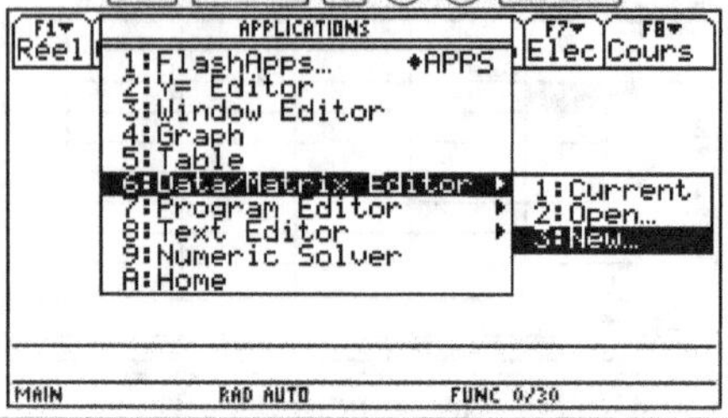

b/ Nommer le fichier de données
⊙ ⊙ stat2 ENTER ENTER

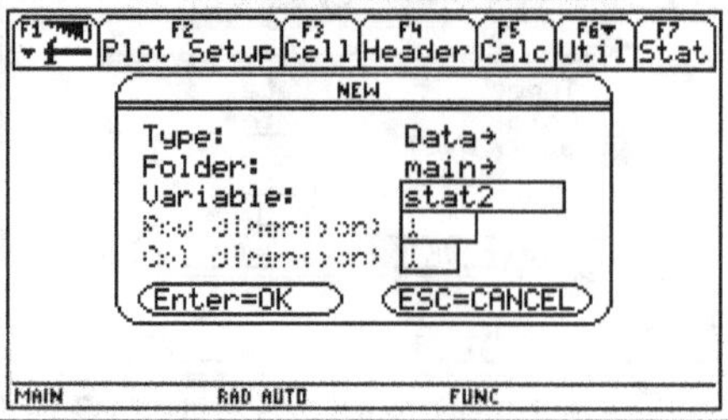

c/ On souhaite que la colonne c1 représente le prix et c2 le %

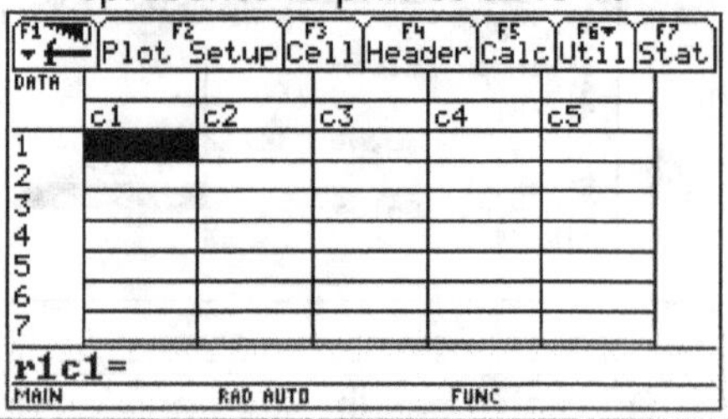

d/ On rentre ensuite les données du tableau dans le fichier 'stat2'

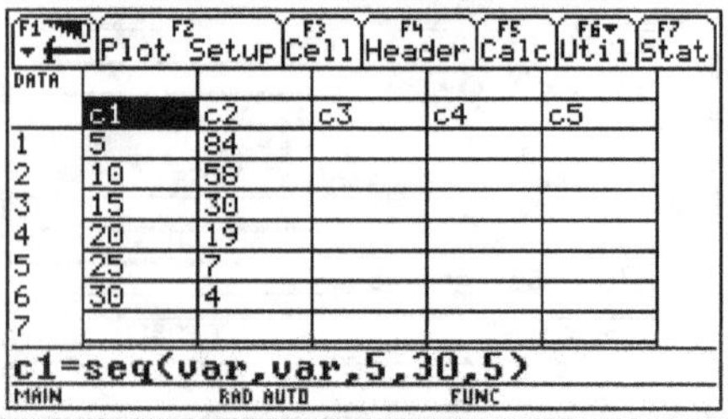

e/ De la façon dont les données ont été saisies, il est clair que la colonne c1 représente le prix d'une bouteille et la colonne c2 l'effectif. Nous souhaitons dans un premier temps effectuer des calculs sur cette série statistique, puis visualiser le nuage de points et la droite de régression

f/ Effectuer les calculs
F5 ⊙ c1 ⊙ c2

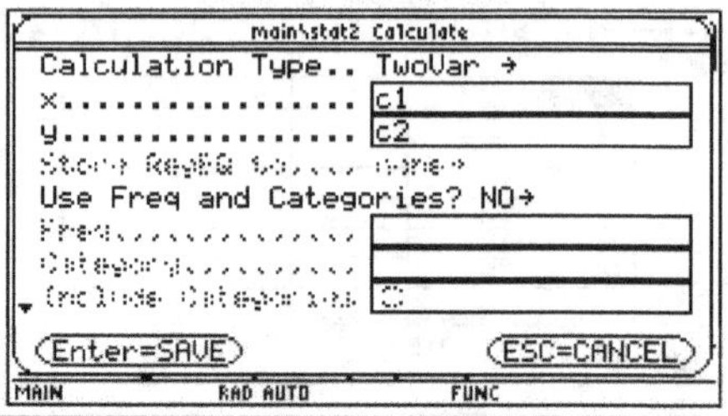

g/ Visualiser les résultats
ENTER ENTER

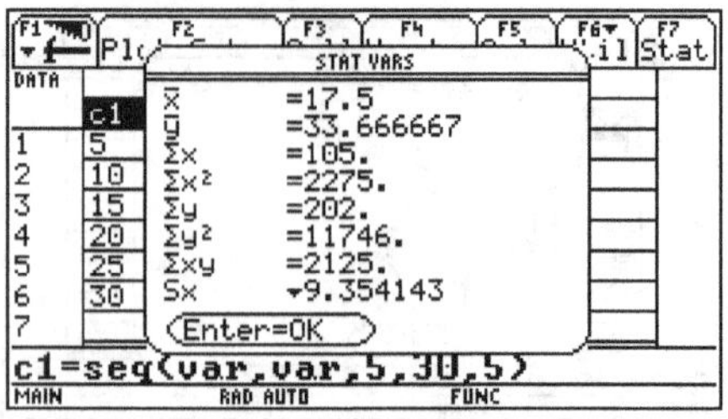

h/ Interprétation des résultats:
- Le prix moyen est $\overline{x} = 17{,}5^{€}$
- Le pourcentage moyen est $\overline{y} \approx 34$
- Le point moyen est $G(\overline{x}\,;\overline{y})$
- L'écart-type estimé est $Sx \approx 9{,}35$
- Nombre de données est nStat=6
- Le prix varie entre minX et maxX
- Le pourcentage d'acheteurs varie entre minY et maxY

i/ Visualiser les résultats (suite)
⊙ ⊙ ⊙ ⊙ ⊙ ⊙

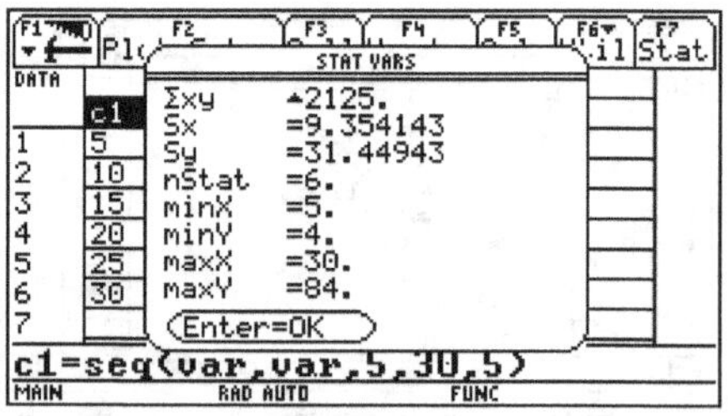

j/ Choisir le type de visualisation
ENTER F2

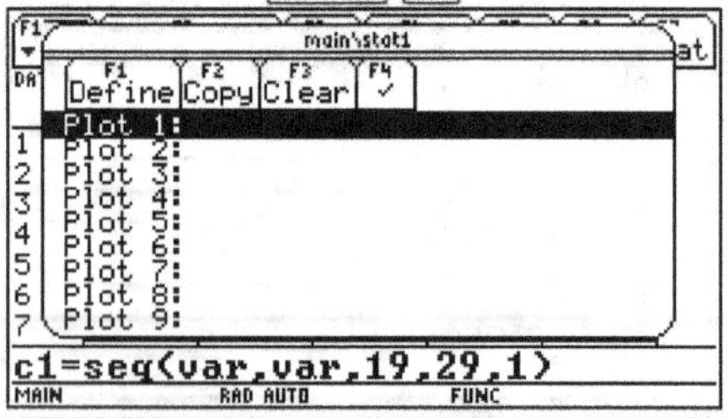

k/ Pour le nuage de points
F1 ⊙ ▷ 4 ⊙ c1 ⊙ c2 ENTER

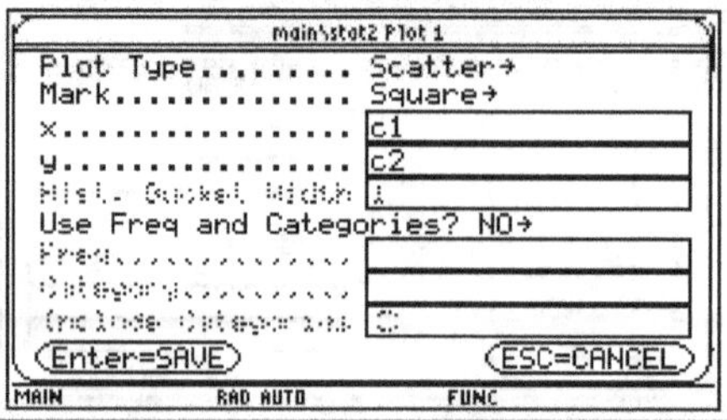

l/ Pour la droite de régression
depuis d/ F5 ▷ 5 ⊙ c1 ⊙ c2 ⊙ ⊙

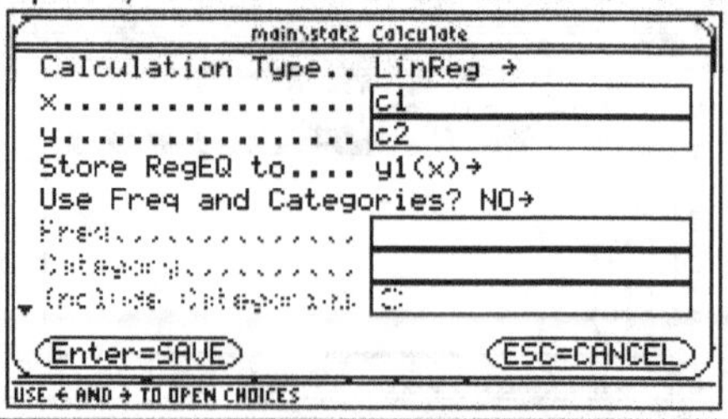

m/ Equation de la droite y=−3,2x+90
ENTER ENTER

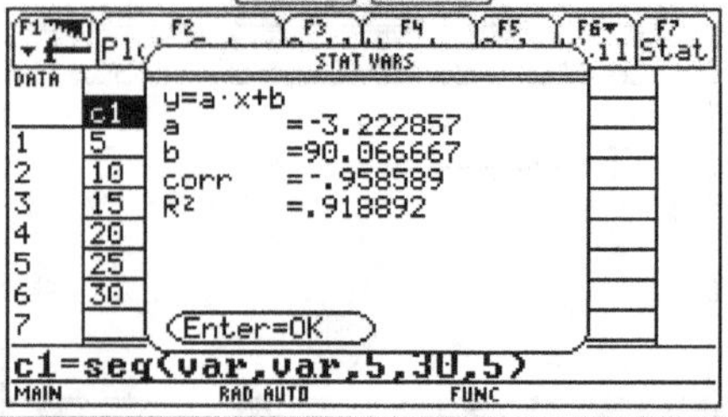

n/ Adapter la fenêtre d'affichage
ENTER ◆ [WINDOW] ENTER

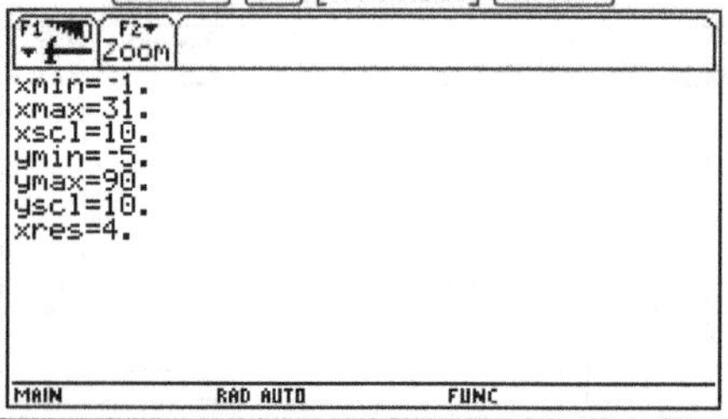

o/ Visualiser le nuage et la droite
◆ [GRAPH]

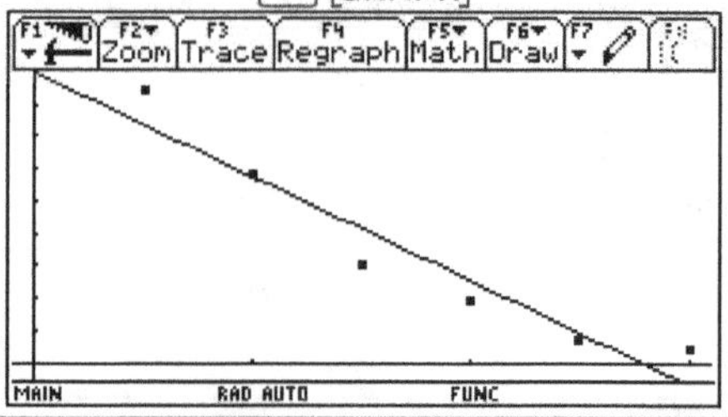

Remarque: Depuis la fenêtre des graphes, on peut modifier les caractéristiques des tracés avec: ◆ [Y=] F3